中华饮食
文化丛书

新东方烹饪教育　组编

闽菜

中国人民大学出版社
·北京·

图书在版编目（CIP）数据

闽菜 / 新东方烹饪教育组编. -- 北京：中国人民
大学出版社，2023.12
ISBN 978-7-300-32452-4

Ⅰ. ①闽… Ⅱ. ①新… Ⅲ. ①闽菜 - 菜谱 Ⅳ.
① TS972.182.57

中国国家版本馆 CIP 数据核字（2023）第 244513 号

中华饮食文化丛书

闽菜

新东方烹饪教育　组编

Mincai

出版发行	中国人民大学出版社	
社　　址	北京中关村大街 31 号	**邮政编码**　100080
电　　话	010 - 62511242（总编室）	010 - 62511770（质管部）
	010 - 82501766（邮购部）	010 - 62514148（门市部）
	010 - 62515195（发行公司）	010 - 62515275（盗版举报）
网　　址	http://www.crup.com.cn	
经　　销	新华书店	
印　　刷	北京瑞禾彩色印刷有限公司	
开　　本	787 mm × 1092 mm　1/16	**版　　次**　2023 年 12 月第 1 版
印　　张	14	**印　　次**　2023 年 12 月第 1 次印刷
字　　数	230 000	**定　　价**　52.00 元

编写委员会

编委会主任：许绍兵

编委会副主任：金晓峰　吴　莉

编委会成员（排名不分先后）：

张忠平　罗现华　王允明　朱咸龙

柯国君　姚纪龙　林辉乐

中国是一个有着悠久历史的国家，五千多年来，饮食文化熠熠生辉。饮食和我们的生活息息相关，正所谓开门七件事：柴、米、油、盐、酱、醋、茶。中国精神文化的许多方面都与饮食有着很紧密的关系，大到治国，"治大国若烹小鲜"，小到日常生活，"人间烟火气，最抚凡人心"。在中国这片广袤无垠、资源富饶的土地上，我们总能从日常的食物中，细腻地感悟到生命的绚烂与美好。而在这繁星点点的文化长河里，福建的美食文化无疑是一颗耀眼的明珠。

福建依山傍水，生态环境优美，自然资源丰富，历史文化灿烂。"闽地物华"和"闽人"的聪明才智相互辉映，成为闽菜烹饪、传承与创新的宝贵资源和重要支撑。

拥山海之福，烹煮珍馐百味，时间流转，沉淀闽菜经典，清鲜和醇，荤香不腻，闽菜以"香""味"见长，凭借汤味广泛的特点，在八大菜系中独具一格。本书以详尽的工序与细节，高清精美的图片，凝结精华的菜谱配方，向读者展示闽菜风采。本书既可以作为烹饪学校的培训教材，也可以作为美食烹饪爱好者的学习材料。全部菜品均以二维码形式提供操作视频，方便读者更加直观地了解和学习闽菜制作。

我们盛情邀请亲爱的读者朋友、烹饪美食爱好者翻阅此书，一同感受闽菜的独特魅力！

目录

8

闽菜
MINCAI

CONTENTS

酒店流行菜

话说闽菜

一、闽菜文化

福建，简称"闽"，省会设在福州，位于中国东南沿海地区。福建的东北与浙江省紧密相连，西面及西北与江西省接壤，西南与广东省相邻，东面隔着台湾海峡与台湾省相望。福建的气候属于亚热带季风气候，温和湿润。福建的地理特点为"山海一体"，享有"八山一水一分田"的美誉。福建的森林覆盖率高，海岸线长，拥有丰富的农业、渔业资源，有"茶笋山木之饶遍天下"和"两信潮生海接天，鱼虾入市不论钱"之说。

"闽菜"作为福建菜的简称，无疑是中国烹饪艺术中的瑰宝。闽菜的形成可追溯至秦汉时期。早期闽人依山傍水而居，以贝类及海生软体动物为主要食物来源。福建的主食为稻米，辅以禽畜、河鲜、海鲜、果蔬、山珍等。

晋代以后，中原战乱导致大批氏族南渡入闽，带来北方的生产技艺及食俗，丰富了闽菜文化。

宋代，随着福建经济繁荣和海上丝绸之路的发展，中外文化交流进一步推动闽菜的发展。北宋时期，闽菜成为京城开封"南食"的代表之一。

明代，闽菜技艺精湛，并已传至海外。明万历年间，马丁·德·拉达修士等人出使福建，详细记载了闽菜的菜肴与宴会格调，为后世留下了宝贵资料。

清代，闽菜誉满南北，成为京城及各地食客钟爱的菜系之一。

民国时期，闽菜在上海等地广受欢迎，与京、苏、粤、川等菜系齐名。1915 年，福州人陈衍编写的《烹饪教科书》出版，推动了烹饪教育的发展。

新中国成立后，闽菜正式被列为我国八大菜系之一。

二、闽菜特点

闽菜以烹制山珍海味闻名，其特色在于色香味形俱佳，尤以"香"和"味"见长。闽菜风格清鲜、和醇、荤香而不腻，汤品丰富多样，在烹饪界独树一帜。其特色可概括为以下几点：

（1）闽菜以海鲜和山珍为主要食材。由于福建依山傍海的地理优势，山珍和海鲜资源丰富，为闽菜提供了丰富的原料。厨师们擅长烹饪海鲜，蒸、炒、爆、炸等技法独具特色，使闽菜技艺达到新高度。

（2）闽菜追求原汁原味，保持食材的天然味道。因此，白灼、凉拌、生吃等做法较常见，如"白灼虾""白灼鱿鱼""凉拌海蜇"等，口感清淡鲜脆。

（3）闽菜擅长制汤，汤品多为高汤，煮、熬、炖、煲等方法各异。闽菜在烹饪海鲜、河鲜、肉类、禽类食品时，多烹制成汤类菜肴，这些食材富含蛋白质，其汤汁香浓鲜美。还有不少汤类菜肴是配以预先熬制的浓汤、清汤，如筒骨汤、鸡汤等。"鸡汤汆海蚌"就是把鲜美的海蚌放入熬好的鸡汤中蒸制而成。闽菜中的面食也多配以预先熬制的清汤，清香美味。此外，闽菜也擅长制作酸辣汤，如"酸辣鱿鱼汤""酸辣肉皮燕"等，酸甜微辣，风味独特。

（4）闽菜调料、佐料丰富多样，除了酱油、食盐、糖、醋、料酒等常用调料外，还擅用红糟、咖喱等，赋予菜肴独特风味。福建人喜吃甜酸菜肴，如"荔枝肉"等，咸淡适宜、酸甜可口。福建沿海地区的菜肴多用胡椒，山区的菜肴则擅用辣椒，口味各异。虾油为福州菜的一大特色，其鲜美而独特的味道为菜肴增色不少。

（5）闽菜刀工巧妙。闽菜注重刀功，有"片薄如纸、切丝如发、剖花如荔"之美誉。而且一切刀功均围绕着"味"下功夫，通过精细的刀工处理，使原料更好地体现出本味和质地。

三、闽菜的风味流派

福建的地形独具特色，背山面海，东南部为广袤的沿海地区，西北部则多为山地丘陵。由于沿海与山区的地形、气候和物产差异显著，饮食文化也各有千秋，形成了独具特色的闽菜，主要包括海路与山路两路菜系。海路菜以海鲜为主，其特点是清、淡、鲜、脆。山路菜以山珍为主，其特点是香、咸、浓、鲜。

闽东菜以福州菜为代表，盛行于闽东地区。其选料精细，刀工严谨，讲究火候，注重调汤。菜品口味多变，尤其擅长烹饪汤菜，素有"一汤十变"的美誉。福州菜的调味偏于甜、酸、淡，以糖醋为特色，如荔枝肉、醉排骨等，都体现了这种独特的口味。这种烹饪特色与原料多取自山珍海味有关。擅用糖，用甜去腥腻；巧用醋，酸甜可口；味偏清淡，可保持原汁原味。代表菜有佛跳墙、鸡汤氽海蚌、淡糟香螺片、荔枝肉等。

闽南菜则在厦门、泉州、漳州等地流行，其菜肴特点为鲜醇、香嫩、清淡。闽南菜注重佐料的使用，善于运用沙茶、芥末、橘汁等调料，营造出别具一格的口味。如"春生堂酒焖老鹅""桂花蟹肉"等菜肴，均体现了闽南菜的浓郁风味。

闽西客家菜以朴质为特点，追求食材的原汁原味，讲究新鲜朴素、香醇味正，以咸为主。客家菜选材广泛，烹饪方法多样，擅长炖、煮、煲、酿等技法，菜品追求嫩而不生、香而不老、烂而不柴、外酥内嫩，把食材特有的品质发挥得淋漓尽致。其代表菜品有"白斩河田鸡""岩前黑山羊""客家粉蒸肉""笋干扣肉"等。

闽北菜以南平菜为代表，流行于闽北地区。由于闽北地区山林资源丰富，气候湿润，为闽北菜提供了丰富的烹饪原料，如香菇、红菇、竹笋、薏米等地方特产及野兔、野山羊等野味都是制作美食的上等原料。代表菜有涮兔肉、岚谷熏鹅、茄汁鸡肉、建瓯板鸭等。

闽中菜则以三明、沙县菜为代表，流行于闽中地区。闽中菜以其风味独特、做工精细、品种繁多和经济实惠而著称。其中，沙县小吃更是名扬四海，形成馄饨系列、豆腐系列、芋头系列、牛杂系列等，以其品种丰富、口感独特而深受食客喜爱。

莆田菜介于福州菜与闽南菜之间，既有地方特色风味的传统菜肴，又有外地汇集而来的创新名肴。丰富的食材资源与独特的人文因素，造就了莆田美食的独特风味，如"红烧南日鲍鱼""干炸软豆腐""花蛤豆腐羹""莆田卤面""焖豆腐""温汤羊肉"等地方美食，充分体现了莆田菜品淡爽清鲜、香醇可口的特点。"兴化米粉""妈祖面""枫亭糕"等独具莆田地方特色的小吃深受百姓喜爱。莆田历代厨师以妈祖民俗文化为依托，充分利用莆田当地出产的烹饪原料，精心研制出体现地方美食特征、彰显妈祖文化魅力的莆田美食盛宴"妈祖筵席"。"妈祖筵席"被中国烹饪协会评选为"中国名宴"，成为莆田地方美食文化的代表之一。

四、传统经典菜

闽地先民在漫长的岁月中，凭借他们的智慧和生活实践，为后代创造、选育、汇聚了品类繁多的烹饪原料。这里土地肥沃，盛产稻米、糖蔗、蔬菜、瓜果，其中桂圆、荔枝等佳果更是享誉中外。山林间，有全国闻名的茶叶、香菇、竹笋等山珍，而沿海地区则海产资源丰富，鱼、虾、螺、蚌等佳品丰富多样，终年不断。这些丰富的食材孕育出了诸多经典的闽菜，如：佛跳墙、醉排骨、荔枝肉、八宝红鲟饭、椒盐鱼条、鱼卷、海蛎烧豆腐、清炒虾仁、闽南芋头饭、海参羹、软炸虾糕、白炒墨鱼卷、闽南萝卜糕、长汀豆腐干、漳州卤面等。

五、酒店流行菜

随着经济的发展，福州、厦门、莆田、泉州、漳州、龙岩、三明、南平等各市都充分结合当地食材推出特色菜肴，使得烹调技艺百花齐放。传统技艺得以有序传承，新派制作也不断推陈出新。闽菜以其悠久的历史、精湛的技艺、鲜美的味觉体验和考究的制作工艺，在中华饮食文化中占据着重要的地位。

例如，有百年历史的福州"聚春园"，精心创制了"佛跳墙""鸡茸金丝笋""三鲜焖海参""荔枝肉"等名菜佳肴。这些名菜馆在推出众多名菜的同时，也培育了诸如郑春发、陈水妹、强祖淦、黄惠柳、胡西庄、杨四妹、陈宾丁、赵秀禄、朱依松、姚宽余、郑玉椿、强木根、强曲曲等众多扬名海内外的闽菜大师。

凉菜

1. 红糟炸鱼枣

操作视频

准备材料

主料：草鱼 800g
配料：鸡蛋 1 个、姜 6g
调料：红薯粉 80g、胡椒粉 5g、料酒 5g、白糖 3g、色拉油 10g、盐 5g、红糟 10g

制作步骤

① ② ③

④ ⑤ ⑥

① 草鱼肉切成条，加盐、胡椒粉、白糖、料酒、姜抓匀腌制 20 分钟。
② 将红糟用刀背碾细，加入姜、红薯粉、鸡蛋、色拉油，搅拌均匀成漆糊状。
③ 将腌制好的鱼条放入调好的糊中，搅拌均匀。
④ 锅中下油，油温五成时，将用糊裹好的鱼枣放入炸至酥脆。
⑤ 沥出来再复炸一次。
⑥ 成品。

注意事项

1. 糊打制的时候不能太稀或太稠。
2. 红薯粉一定要打散。

操作视频

准备材料

主料：海蜇头 350g、黄瓜 100g
配料：蒜仁 10g、生姜 10g
调料：香油 5g、白糖 5g、蝤蛑酱 30g

制作步骤

① ② ③

④ ⑤ ⑥

① 海蜇头洗去盐渍，用刀切成斜厚片。
② 切好的海蜇头放入水中去除盐味。
③ 蝤蛑酱加入白糖、香油和切好的蒜末、姜末搅拌均匀。
④ 海蜇头放入 30℃的水中捞一下。
⑤ 海蜇头沥干。
⑥ 黄瓜切片铺底，摆盘。

☺ 注意事项

　1. 海蜇头去盐要彻底。
　2. 海蜇头改刀大小一致。

操作视频

准备材料

主料：黄豆 30g
辅料：酸菜 250g、五花肉 80g
配料：八角 2 个、蒜 15g、姜 20g、红椒 20g、小葱 15g
调料：生抽 10g、白糖 8g、盐 5g、料酒 10g、香油 5g

制作步骤

① 咸菜洗净切成 0.5cm 长的节丁，用水浸泡半小时后沥干。黄豆洗净用水浸泡 1 小时左右。

② 五花肉切丁，姜切末，蒜切米粒状，小葱分葱白和葱花，红椒切米粒状。

③ 热锅冷油下姜、蒜、葱白、八角煸香。

④ 放入五花肉丁煸炒。

⑤ 加入泡好的黄豆煸炒。

⑥ 加入盐、白糖、生抽。

⑦ 加适量清水煮沸，加入咸菜，淋入料酒，煮至入味。

⑧ 待锅中水分略干，淋上香油，撒上葱花与红椒点缀即可。

⑨ 成品。

🍲 注意事项

1. 咸菜的咸味和调料配合要恰当。

2. 黄豆要预先浸泡 1 小时左右。

4. 酸甜橄榄酥

操作视频

准备材料

主料：檀香橄榄 300g
调料：冰糖 20g、香油 5g、盐 5g、白酒 5g、生抽 5g、老抽 5g、陈醋 10g

制作步骤

① 橄榄洗净。

② 橄榄去掉头尾。

③ 用刀背轻轻拍裂橄榄。

④ 加入适量盐。

⑤ 用手轻轻揉拌去除橄榄中的涩味。

⑥ 腌制 20～30 分钟后，用水冲洗橄榄，沥干。

⑦ 取一器皿，加入适量的生抽、老抽、陈醋、香油、冰糖，搅拌至冰糖溶化，倒入橄榄。

⑧ 再倒入少许白酒，用保鲜膜密封，放入冰箱冷藏 2～3 小时。

⑨ 成品。

⚕ 注意事项

1. 建议用檀香橄榄。

2. 放入冰箱冷藏 2～3 小时，效果更佳。

操作视频

准备材料

主料：猪肚 300g

辅料：金针菜 200g

配料：蒜 20g、姜 10g、小葱 10g、青红椒 50g

调料：香醋 8g、料酒 10g、胡椒粉 2g、香油 2g、蒸鱼豉油 50g、白糖 5g、红薯粉 50g、盐 5g

制作步骤

① 猪肚加入香醋、红薯粉不断揉捏，5 分钟后用清水洗净。

② 将洗净的猪肚放入高压锅，加入姜片、料酒，上汽压制 7 分钟。

③ 猪肚冲凉后切成条。

④ 锅中加入色拉油，倒入蒜末。

⑤ 蒜末炸至金黄色盛出。

⑥ 金针菜洗净焯水后，去掉尾尖。

⑦ 青红椒快速拉油。

⑧ 将食材混合，加入盐、胡椒粉、蒸鱼豉油、白糖、香油，适度搅拌。

⑨ 成品。

注意事项

1. 炸蒜酥的时候，需要控制好油温。

2. 猪肚压制时间不宜过长。

6. 萝卜干豆腐

主料：萝卜干 200g、豆腐 200g
配料：姜丁 10g、蒜仁 10g、青红辣椒 25g、豆豉 10g、小葱 15g
调料：料酒 5g、美极鲜 6g、白糖 3g、盐 3g、鸡精 2 g、香油 5g

制作步骤

①   ②   ③

④   ⑤   ⑥

① 锅中下油，油温 5 成时放入切好的豆腐炸至金黄色，捞出沥干。

② 锅留底油，下蒜、姜、葱煸香。

③ 下萝卜干煸炒至干香，加入豆豉、盐、鸡精、白糖、美极鲜、料酒，翻炒均匀。

④ 下完豆腐后下青红辣椒、葱白。

⑤ 出锅前加入香油。

⑥ 成品。

注意事项

    1. 炸豆腐时，油温不能太低。

    2. 炒萝卜干用文火才不会焦。

操作视频

准备材料

主料：虾仁 300g
辅料：豌豆 120g、胡萝卜 20g、薄荷叶 2 片
配料：生姜 10g
调料：盐 3g、料酒 5g、胡椒粉 3g、鸡精 3g、白糖 3g、香油 3g、辣鲜露 10g

制作步骤

① 虾仁用片刀从背部切开，洗净后沥干水分。

② 加入盐、鸡精、料酒、胡椒粉，顺着同一方向搅拌均匀。

③ 油温四成下腌制好的虾仁，拉熟备用。

④ 清水中加入少许油、盐，下豌豆、胡萝卜煮熟备用。

⑤ 将虾仁、豌豆、姜丁、萝卜丁放入碗中，加入盐、鸡精、白糖、胡椒粉、香油、料酒、辣香露拌匀。

⑥ 成品。

注意事项

1. 豌豆要煮熟。
2. 凉拌菜操作过程中，水分一定要沥干。

8. 木瓜马蹄爽

准备材料

主料：木瓜 1 个、马蹄 100g
辅料：西米 20g、白凉粉 100g、牛奶 200g、椰浆 200g
调料：白糖 50g

制作步骤

① 将木瓜籽掏出，将皮削掉。

② 马蹄削皮切丁。

③ 西米浸泡。

④ 锅中放入清水、白凉粉、西米，搅拌均匀后倒入牛奶。

⑤ 再加入椰浆、马蹄，搅拌均匀煮开。

⑥ 加入白糖。

⑦ 倒入木瓜中。

⑧ 将木瓜放冰箱冷藏 30 分钟后取出。

⑨ 切分装盘。

注意事项

1. 木瓜一定要放凉后再冷藏。

2. 切片装盘要切厚片，冻心才不会掉。

操作视频

准备材料

主料：黄蚬子 500g
配料：姜 5g、葱 15g、洋葱 15g、红椒 3g
调料：芝麻油 3g、生抽 10g、白糖 3g、福建老酒 8g、胡椒粉 1g、鱼露 10g

制作步骤

① ② ③
④ ⑤ ⑥

① 黄蚬子放入器皿中，加清水，滴上几滴芝麻油，让其吐沙静养 1 小时左右。

② 将配料炒香。

③ 将炒好的配料盛入碗中，加入生抽、鱼露、福建老酒、白糖、胡椒粉拌匀。

④ 锅中烧水，水温八成时下黄蚬子，关火慢浸，搅动至黄蚬子口微张就可以起锅。

⑤ 将黄蚬子捞出，沥干水分，倒入调好的酱汁中搅拌均匀，撒上葱花。

⑥ 成品。

☕ 注意事项

1. 黄蚬子泡水要足时。

2. 汆黄蚬子时，水温八成即可。

操作视频

主料：梭子蟹 500g
辅料：紫菜 50g
配料：姜 20g、葱 8g、干辣椒 10g
调料：香醋 100g、白糖 100g、生抽 10g、胡椒粉 5g、椒麻油 8g、盐 10g、鸡精 5g、闽江老酒 30g

制作步骤

① ② ③

④ ⑤ ⑥

① 梭子蟹洗净，切成块。
② 加入少许盐、闽江老酒、胡椒粉抓拌均匀，腌制 10 分钟，倒掉底汁。
③ 取一容器，放入姜末、葱花、干辣椒丁，加入盐、鸡精、白糖、香醋、生抽、闽江老酒、椒麻油、
　胡椒粉，搅拌均匀。
④ 加入腌制好的梭子蟹拌匀，放入冰箱冷藏 5 小时。
⑤ 紫菜焯水，沥干水分垫于盘底。
⑥ 将冷藏好的梭子蟹摆放在上面，略作点缀，完成装盘。

☝ 注意事项

　1. 梭子蟹要选活的。
　2. 腌制好的梭子蟹需要冷藏 5 小时。

热菜

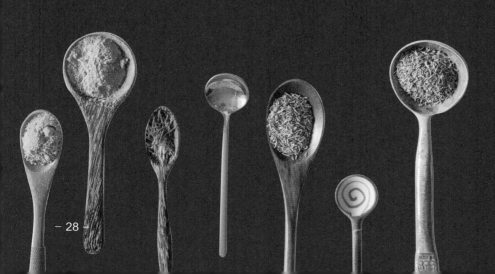

传统经典菜

桂花马蹄糕是一道历史悠久的传统甜点，其历史可以追溯到唐朝。据传说，唐玄宗非常喜欢吃马蹄糕，他的妃子在马蹄糕中加入桂花，从而创造出桂花马蹄糕这道美味的甜点。由于其独特的口感和香甜的味道，桂花马蹄糕很快就成为受欢迎的宫廷甜点，并逐渐传播到了民间。如今，桂花马蹄糕已经成为传统糕点文化的重要组成部分，深受人们的喜爱。

操作视频

准备材料

主料：白芝麻 20g、马蹄粉 500g
辅料：马蹄 50g
调料：白糖 100g、桂花蜜 100g

制作步骤

① ② ③

④ ⑤ ⑥

① 将马蹄粉、马蹄、白糖置盆中。

② 加入桂花蜜。

③ 加入适量水搅拌呈稠糊状。

④ 将稠糊倒入四方盘中，表面抹平，撒上白芝麻，蒸 50 分钟。

⑤ 蒸熟后放凉。

⑥ 脱模改刀，装盘。

注意事项

1. 马蹄粉需要用水化开。

2. 马蹄糕要蒸 50 分钟。

12. 黄焖甲鱼

准备材料

主料：甲鱼 500g
辅料：西兰花 200g、冬笋 150g、香菇 10g
配料：葱 20g、姜 10g、蒜 15g、红椒 5g
调料：香油 3g、白糖 8g、蚝油 15g、胡椒粉 3g、料酒 10g、生粉 5g、生抽 5g、鸡精 3g

制作步骤

① 甲鱼切块后在水中煮一下，捞起待用。

② 西兰花焯水。

③ 油温四成，下冬笋拉油捞起。油温六成，下甲鱼炸至金黄色捞起。

④ 锅留余油，下蒜粒、姜片煸香，下甲鱼、冬笋、香菇翻炒均匀，加入蚝油、料酒、生抽、白糖、胡椒粉、鸡精、清水，改用小火焖至甲鱼酥烂。

⑤ 改用大火收汁，勾薄芡、淋香油，加入葱段、红椒片。

⑥ 成品。

注意事项

1. 甲鱼切块大小均匀。
2. 甲鱼要先在水中煮一下。

操作视频

准备材料

主料：龙虾 250g
辅料：上海青 350g、鸡蛋 6 个、纯牛奶 1 盒
配料：瓜仁 2g、红鱼子 5g、葱 5g
调料：盐 1g、鸡精 2g、生粉 3g

制作步骤

① ② ③

④ ⑤ ⑥

① 龙虾头尾分离，洗净取龙虾肉切片，加入盐、鸡精、生粉、蛋清搅拌均匀。
② 龙虾头蒸熟备用，上海青焯水备用。
③ 牛奶中加入蛋清、盐、水淀粉搅拌均匀。
④ 瓜仁拉油；龙虾肉拉油，颜色转白捞出备用；下牛奶、蛋清滑油至凝固成"芙蓉"状捞起；芙蓉蛋焯水去油。
⑤ 葱煸香，加入芙蓉蛋、龙虾肉，再加入盐、鸡精，勾芡，翻炒均匀，装盘后撒上红鱼子、瓜仁。
⑥ 成品。

☕ **注意事项**

1. 龙虾肉改刀。
2. 油温要把控好。

操作视频

主料：生面 350g
辅料：五花肉 100g、上海青 100g、青蒜 15g、香菇 15g、芹菜 15g、洋葱 50g、明虾 150g、海蛎 200g、
　　　海蛏 150g
调料：猪油 50g、鸡精 5g、盐 3g、料酒 5g、胡椒粉 3g、香油 3g、蚝油 20g

制作步骤

① 五花肉洗净去皮切条。锅中下猪油，倒入五花肉煸香，再加入洋葱、香菇炒香。
② 倒入清水，加入明虾、海蛎、海蛏，再加入蚝油、料酒、盐、鸡精、胡椒粉调味。
③ 下面条。
④ 水开后下上海青、芹菜、青蒜，再淋上香油。
⑤ 面条煮至柔软适中、入味。
⑥ 起锅装盘成菜。

🍲 注意事项
　　1. 五花肉、洋葱煸香。
　　2. 水开后才可下面条。

操作视频

主料：干鱿鱼 300g
辅料：西红柿 30g、马蹄 50g、五花肉 50g、鸡蛋 1 个
配料：葱 20g
调料：胡椒粉 10g、香油 3g、盐 3g、白糖 10g、料酒 5g、生粉 5g、香醋 5g

制作步骤

① 泡发干鱿鱼，切成薄片。
② 将干鱿鱼片用水略煮一下，捞起泡入清水中。
③ 马蹄削皮切成厚片，焯水后泡水待用。
④ 置锅于旺火上，下少量油，下葱白煸香，加入五花肉末、西红柿块，炒至西红柿起沙，加入清水。
⑤ 倒入干鱿鱼、马蹄，加入香醋、白糖、料酒、香油、盐、胡椒粉煮沸，加入水淀粉勾芡，最后打入鸡蛋液，搅拌至蛋花浮起，撒上葱花即可。
⑥ 起锅装盘成菜。

注意事项
　1. 干鱿鱼要先用水煮一下再烹制。
　2. 勾芡合适，水淀粉不宜太多。

16. 十香醉排骨

准备材料

主料：排骨 300g

辅料：马蹄 100g、鸡蛋 1 个

配料：蒜 30g、葱 10g

调料：生抽 10g、白糖 20g、番茄酱 30g、料酒 10g、胡椒粉 10g、五香粉 10g、花生酱 10g、香醋 10g、咖喱粉 10g、香油 5g、红薯粉 10g

制作步骤

① 排骨中加入生抽、蛋清、料酒和红薯粉抓匀，腌制 20 分钟。

② 用生抽、香醋、料酒、香油、白糖、葱、蒜米、番茄酱、五香粉、咖喱粉、胡椒粉、花生酱调成醉卤汁。

③ 锅中置油，油温五成时排骨下锅炸至金黄色，捞起复炸并加马蹄炸好捞起。

④ 沥干油倒入小盆。

⑤ 加醉卤汁翻拌均匀。

⑥ 装盘成菜。

☕ 注意事项

　　1. 排骨要先腌制。

　　2. 醉卤汁要先调好，再拌排骨。

17. 四物鸡汤

四物鸡汤是一道传统药膳，以当归、川芎、白芍、熟地黄四味药材为主要原料熬制而成，是中医补血、养血的经典药膳。一般来说，它具有补血调经的效果，可减缓女性的痛经。

操作视频

准备材料

主料：鸡 800g

辅料：当归 5g、红枣 10g、川芎 5g、熟地黄 6g、姜 10g、白芍 5g、枸杞 10g

调料：料酒 10g、盐 5g、鸡汁 5g

制作步骤

① 药材用清水浸泡 20 分钟。

② 鸡肉切块后在水中煮一下。

③ 砂锅下姜片、鸡肉，淋上料酒，翻炒均匀。

④ 待到鸡肉起焦香味时，倒入清水，加入红枣、枸杞和泡好的药材。

⑤ 先旺火烧开，去除浮沫。再加入盐、鸡汁，文火煲制。

⑥ 成品。

注意事项

1. 药材要先泡水。

2. 鸡汤要炖 2 小时味道更佳。

18. 鲍鱼红烧肉

操作视频

☁ 准备材料

主料：五花肉 300g、鲍鱼 10 个
辅料：上海青 250g
配料：八角 2 个、红曲米 10g、桂皮 5g、葱 15g、姜 10g、蒜 10g
调料：白糖 15g、叉烧酱 25g、老抽 5g、二锅头 10g、生抽 5g、鸡精 5g、鱼露 10g

☁ 制作步骤

① ② ③
④ ⑤ ⑥
⑦ ⑧ ⑨

① 鲍鱼在水中煮一下，捞起备用。

② 五花肉在水中煮一下，捞起备用；上海青焯水。

③ 鲍鱼改十字花刀。

④ 五花肉切块。

⑤ 姜、蒜、葱炒香。

⑥ 五花肉煎至金黄。

⑦ 加入叉烧酱、二锅头、鱼露、生抽、老抽、白糖、鸡精，翻炒均匀，加入清水。

⑧ 把葱、姜、蒜、红曲米、八角、桂皮装入料包加入砂锅中，再加入五花肉、鲍鱼，大火收汁至肉软烂装盘。

⑨ 成品。

🍲 **注意事项**

　1. 肉块大小均匀。

　2. 鲍鱼不宜烧制过久，以保持鲜脆。

操作视频

准备材料

主料：净墨鱼 400g

辅料：肥肉 50g、上海青 100g、海苔 1 片、鸡蛋 1 个、杏仁 80g、马蹄 30g

调料：盐 5g、鸡精 2g、白糖 1g、胡椒粉 1g、生粉 5g、香油 2g、甜辣酱 15g、脆炸粉 80g

制作步骤

① 墨鱼洗净切细剁成茸状。

② 马蹄、上海青洗净，马蹄切米粒状，上海青梗切粗粒。肥肉洗净，切成米粒状。

③ 墨鱼茸中加入盐、鸡精、白糖、胡椒粉搅拌均匀至上劲。

④ 加入肥肉粒、马蹄粒、菜梗粒、香油、生粉搅拌均匀成墨鱼胶。

⑤ 海苔垫底，将墨鱼胶铺在上方，平整入蒸箱蒸熟，取出成小棠菜。

⑥ 脆炸粉中加入鸡蛋、香油、杏仁搅拌均匀。

⑦ 将脆皮糊均匀抹在小棠菜上。

⑧ 油温四成，下小棠菜炸至金黄色，捞起。

⑨ 炸好的小棠菜改刀，配甜辣酱蘸食。

☕ **注意事项**

1. 墨鱼切细，搅拌起胶。

2. 掌握油温，炸至金黄。

20. 闽清葱头炒粉干

操作视频

准备材料

主料：粉干 400g、五花肉 100g
辅料：葱 150g
调料：闽清青红酒 50g、盐 8g、鸡精 3g、香油 10g

制作步骤

① ② ③
④ ⑤ ⑥

① 粉干用清水泡 30 分钟后，再将粉干用水煮一下，捞出沥干。
② 热锅润油，下五花肉煸香。
③ 加入葱花炒香，淋入青红酒翻炒均匀。
④ 加入粉干。
⑤ 加入盐、鸡精翻炒均匀，再撒上葱花、淋上香油，装盘即可。
⑥ 成品。

注意事项

1. 粉干应泡冷水。
2. 粉干煮的时间不宜过久。

21. 淡糟竹蛏皇

操作视频

☁ 准备材料

主料：大竹蛏 600g
辅料：香菇 20g、冬笋 25g、上海青 350g
配料：姜 5g、葱 10g、蒜 5g
调料：酒糟 35g、料酒 10g、鸡精 5g、鱼露 15g、五香粉 3g、香油 3g、白糖 10g、水淀粉 10g

☁ 制作步骤

① 竹蛏取净肉洗净，切成薄片。

② 锅中水烧开，下竹蛏肉煮至约七成熟捞起过凉。

③ 菜胆焯水，用作围边。香菇、冬笋焯水。

④ 锅中加入色拉油，将姜、蒜煸香，加入香菇、冬笋，倒入酒糟炒匀，加入料酒、鱼露、鸡精、五香
　粉、白糖，翻炒均匀，倒入水淀粉、香油。

⑤ 放入竹蛏肉、葱翻炒均匀。

⑥ 成品。

🍲 **注意事项**

1. 竹蛏肉要切得厚薄均匀。

2. 竹蛏煮水不宜过久。

22. 荷香红鲟包

准备材料

主料：荷叶 33g、红鲟 500g、糯米 400g
辅料：五花肉 15g、香菇 10g、葱 20g、干贝 15g、虾干 10g
调料：料酒 10g、生抽 8g、胡椒粉 2g、鸡精 3g

制作步骤

① ② ③ ④ ⑤ ⑥ ⑦ ⑧ ⑨

① 糯米蒸熟备用。
② 五花肉切粒，干贝、虾干切细，葱切粒，香菇切小粒。
③ 红鲟切块。
④ 葱焯水备用。
⑤ 五花肉煸香后加入香菇、干贝、虾干炒香。

⑥ 加入糯米、料酒、生抽、胡椒粉、鸡精、葱花炒香成糯米饭。
⑦ 糯米饭放入荷叶中，加上红鲟块后包好用葱捆绑。
⑧ 蒸 10 分钟。
⑨ 成品。

😋 注意事项

　1. 糯米泡水足时。

　2. 红鲟改刀大小一致。

准备材料

主料：五花肉 500g

辅料：马蹄 50g、洋葱 30g、葱 20g、胡萝卜 50g、豆腐皮 30g、鸡蛋 2 个

调料：五香粉 30g、盐 10g、红薯粉 200g、生粉 200g、生抽 20g、料酒 20g、鸡汁 20g

制作步骤

① 五花肉切丁，洋葱切片，马蹄拍碎挤掉水分，胡萝卜切丝，葱斜切。

② 取一容器，将切好的五花肉、洋葱、马蹄、胡萝卜、葱放入，加入生抽、鸡汁、盐、料酒、五香粉抓拌均匀，再加入蛋液、红薯粉、生粉搅拌均匀。

③ 调好的肉馅用豆腐皮卷起成长条状。

④ 放入蒸箱蒸 50 分钟后取出切块。

⑤ 油温五成时将五香卷下锅，炸至金黄色捞出装盘。

⑥ 成品。

🍲 注意事项

1. 五香卷要先蒸一遍。

2. 油温五成，下锅炸才能够酥脆。

24. 南海金莲

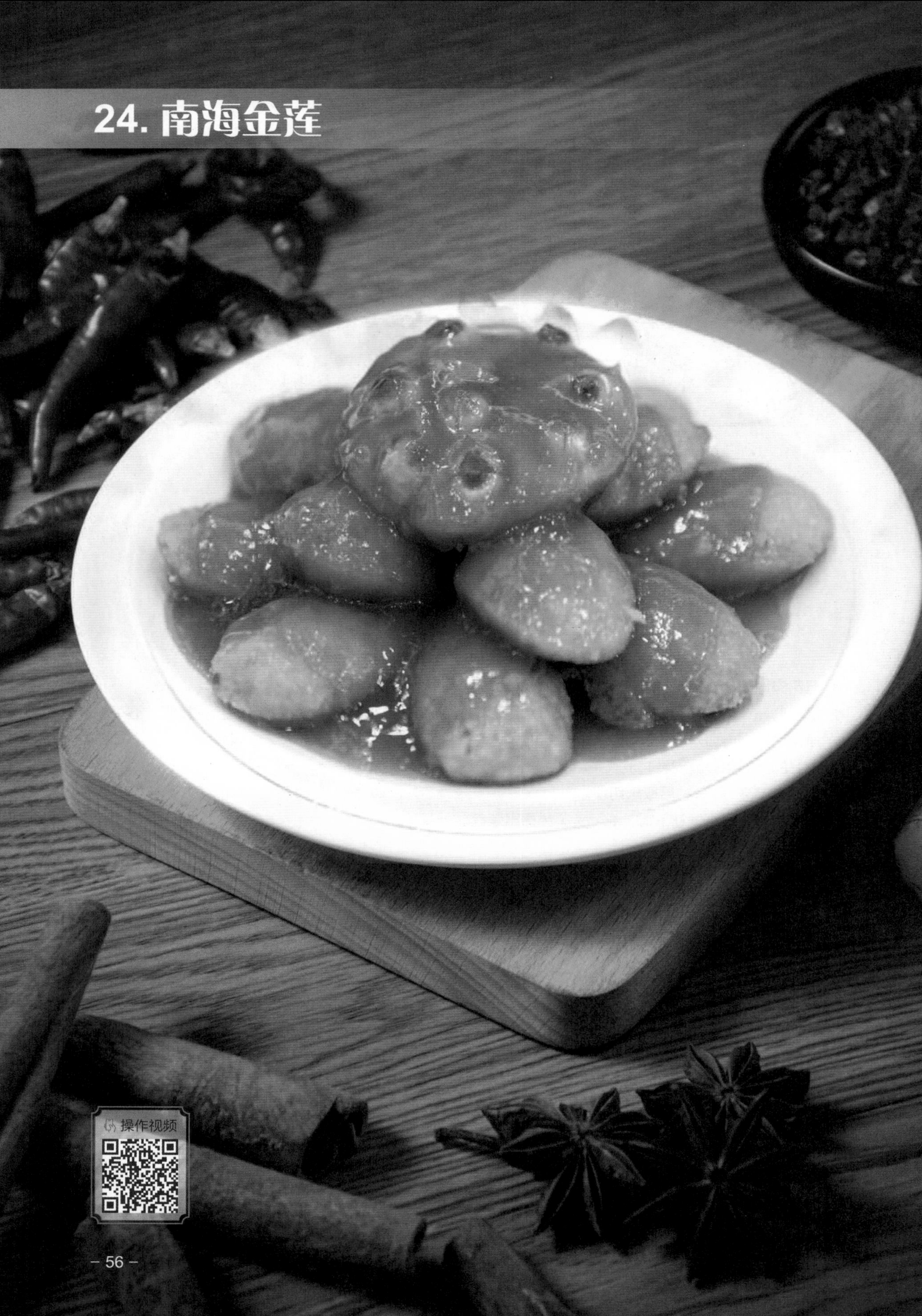

操作视频

主料：豆腐 300g

辅料：莲子 50g、香菇 50g、冬笋 50g、红薯 50g、西芹 50g、胡萝卜 50g

调料：番茄酱 30g、盐 5g、白糖 12g、白醋 8g、红薯粉 20g

制作步骤

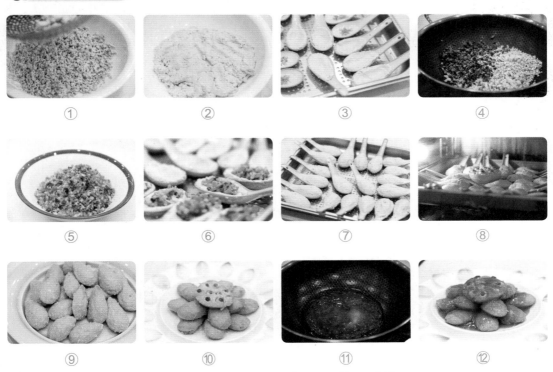

① 豆腐碾细。

② 放入红薯粉搅拌均匀。

③ 勺子沾油纳入豆腐。

④ 辅料倒入锅中，调入盐煸香。

⑤ 盛出备用。

⑥ 馅料纳入豆腐内。

⑦ 面上盖上一层豆腐压实，呈花瓣状。

⑧ 入蒸箱蒸 10 分钟。

⑨ 取出后，油温五成炸至金黄。

⑩ 摆盘。

⑪ 锅中倒入番茄酱、白醋、白糖，加水淀粉调制酱汁。

⑫ 将酱汁淋在炸好的豆腐上即可。

注意事项

1. 豆腐要碾细。

2. 勺子要抹一层油。

25. 藏红花扣花胶

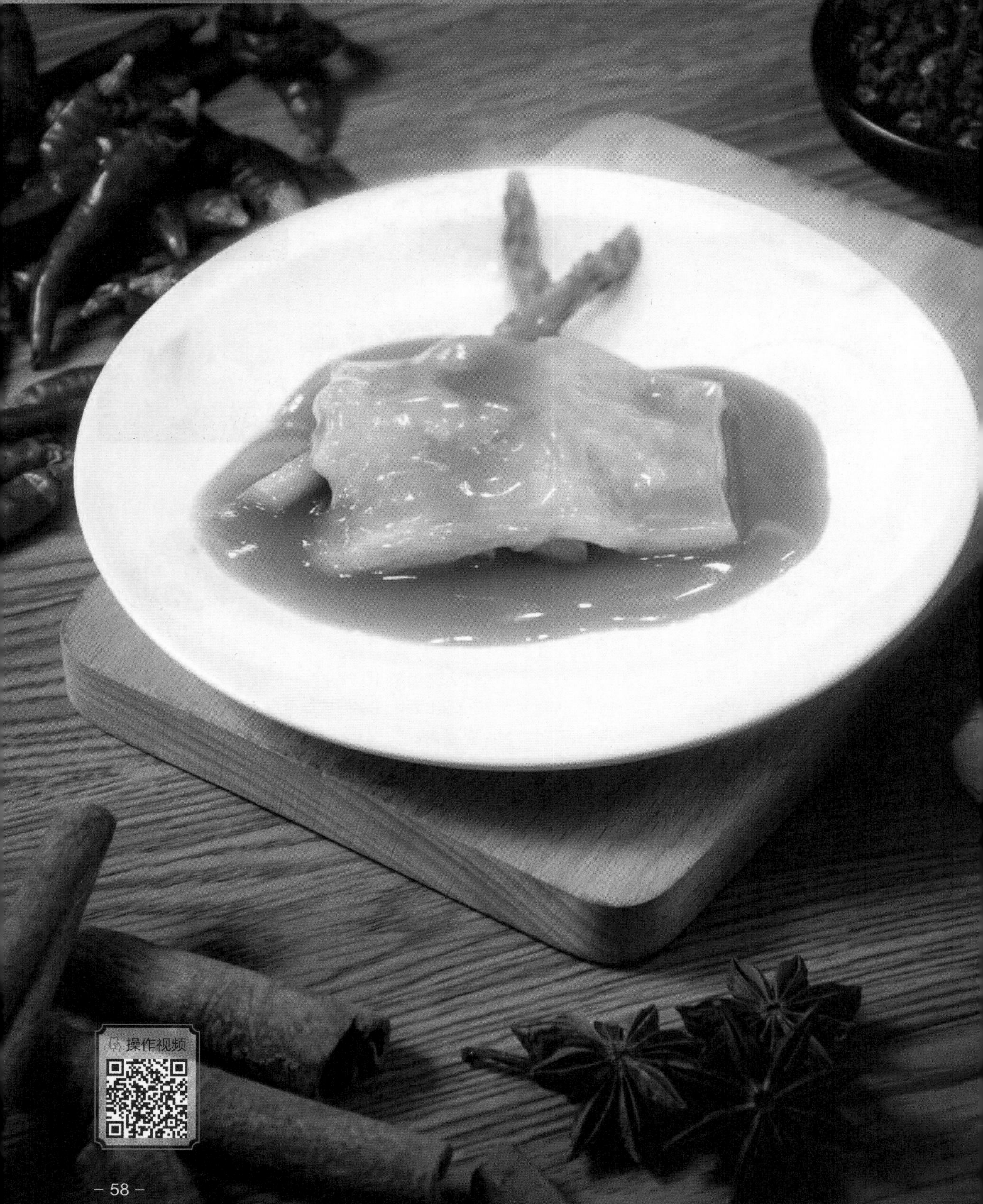

操作视频

主料：花胶 100g
辅料：藏红花 0.1g、芦笋 30g
调料：高汤 150g、盐 1g、白糖 1g、鲍汁 3g、蚝油 3g、鸡精 3g、生粉 5g

制作步骤

① ② ③

④ ⑤ ⑥

① 芦笋焯水；花胶用水略微煮一下。

② 高汤烧开，加入藏红花，略煮。

③ 捞出藏红花，放入花胶，加入蚝油、鲍汁、鸡精、盐、白糖，用小火煨煮。

④ 煨煮完毕，捞出花胶。

⑤ 原汁用湿淀粉勾芡。

⑥ 装盘，原汁淋花胶上即可。

☗ **注意事项**

1. 花胶发透。

2. 煨制足时入味。

26. 花雕肉酱蒸花蟹

操作视频

主料：花蟹 500g、肉末 250g
辅料：鸡蛋 2 个
配料：葱 15g、姜 5g
调料：花雕酒 25g、酱油 25g、蚝油 10g、鸡精 8g、白糖 15g、生粉 8g

制作步骤

① ② ③

④ ⑤ ⑥

① 花蟹切块，备用。
② 肉末置碗中，加入姜末、鸡蛋和调料。
③ 搅拌均匀后摊平整，肉酱制作完成。
④ 肉酱入蒸箱蒸 15 分钟。
⑤ 取出肉酱，摆上花蟹蒸 10 分钟。
⑥ 撒上葱花，用热油浇香即可。

🍲 注意事项

　　1. 花蟹要洗干净。
　　2. 肉酱先蒸八成熟。

27. 芋泥香酥鸭

操作视频

准备材料

主料：芋泥 100g、卤鸭 150g
辅料：鸡蛋 10g
调料：白糖 3g、生粉 30g、面粉 30g

制作步骤

① 鸭肉剔去骨头。

② 剔骨完成，备用。

③ 芋泥加入蛋液、生粉、面粉、白糖搅拌均匀。

④ 把芋泥包裹在鸭肉上，表面上撒点面粉，抹均匀。

⑤ 油温五成时下油锅炸至金黄，捞出。

⑥ 改刀装盘即可。

注意事项

1. 芋泥要包裹均匀。
2. 油温五成时下油锅炸。

28. 葱烧鳗鱼

操作视频

主料：鳗鱼 500g
辅料：葱 50g、虾干 30g、五花肉 30g、姜 20g、蒜 20g
调料：蚝油 10g、生抽 10g、盐 3g、生粉 20g、料酒 10g、白糖 10g、海鲜酱油 10g、香菇肉酱 5g

🌀 制作步骤

① 鳗鱼从喉颈处用力切开，用两根筷子插入，用
　手搅动，掏出内脏。锅中下水，烧至 20℃ 左
　右，放入鳗鱼去除身上的黏液。
② 将洗净的鳗鱼从背首处切厚约 2cm 的直刀，
　不切断，但一定要过中骨。
③ 撒上生粉待用。
④ 葱下油锅炸至金黄，再下姜、蒜炸至金黄。
⑤ 捞起放入砂锅中。

⑥ 油温五成时，放入鳗鱼炸至八成熟定型，放在
　砂锅中。
⑦ 另置一炒锅，将虾干、五花肉炒香。
⑧ 加入清水，放入蚝油、香菇肉酱、海鲜酱油，
　再加入白糖、盐、料酒、生抽，烧开后倒入砂
　锅中，撒上葱，文火煲开即可。
⑨ 成品。

🍲 注意事项

1. 油温五成，炸制鳗鱼。
2. 鳗鱼要煲足时。

操作视频

主料：鱿鱼 300g
辅料：西红柿 25g、上排肉 20g、香菇 15g、冬笋 15g、鸡蛋 1 个
配料：姜 10g、葱 10g
调料：生粉 10g、老抽 2g、生抽 8g、辣椒面 5g、香油 3g、香醋 10g、白糖 8g、鸡精 5g

制作步骤

① 鱿鱼切十字花刀后改刀成片。上排肉切成肉末。

② 锅下水，烧开后入香菇、冬笋、鱿鱼煮一下，捞起备用。

③ 锅下油，下肉末煸香，加入姜炒匀。

④ 加入清水，倒入鱿鱼、香菇、冬笋，水烧开后加入老抽、生抽、鸡精、白糖、辣椒面，勾芡。

⑤ 西红柿入锅，搅拌均匀，加入鸡蛋液，淋上香醋、香油，撒上葱花。

⑥ 成品。

注意事项

煮鱿鱼要把握好时间。

操作视频

主料：鸭 800g
辅料：姜 20g、排骨 50g、淡竹 30g、枸杞 5g、党参 20g、牛奶根 30g
调料：盐 10g、料酒 15g

制作步骤

① ② ③

① 鸭宰杀洗净切块，排骨切块；鸭肉、排骨用水略煮后洗净待用。所有药材用清水浸泡 20 分钟。

② 砂锅底部放入淡竹、牛奶根、党参，再加入鸭肉、排骨，放上姜片、枸杞，撒上盐，倒入料酒并加入适量的清水。

③ 旺火煮开撇去浮沫，盖上盖子，文火煲制 2 小时即可。

注意事项

1. 鸭肉要先用水煮一下。
2. 鸭肉要煲制 2 小时。

操作视频

主料：芋头 800g
辅料：芝麻 10g、梅舌 10g
调料：白糖 10g、盐 5g、牛奶 10g、炼乳 10g、猪油 10g

制作步骤

① 芋头削皮切厚块，放入蒸箱蒸 40 分钟。

② 用破壁机打成芋泥。

③ 芋泥中加入炼乳、牛奶、猪油、盐、白糖搅匀。

④ 将芋泥放入裱花袋，均匀地挤入圆盘中，撒上切碎的梅舌、芝麻。

⑤ 猪油烧热，浇淋在芋泥上。

⑥ 成品。

☕ 注意事项

1. 芋泥要用破壁机打匀。

2. 用猪油浇淋，芋泥会更香。

32. 闽式小炒皇

操作视频

主料：咸肉 100g、韭菜花 100g
辅料：萝卜干 25g、姜 5g、红椒 15g、虾干 50g
调料：生抽 5g、白糖 3g、鸡精 3g、生粉 3g、料酒 8g、香油 2g

制作步骤

① ② ③

④ ⑤ ⑥

① 韭菜花切小段。

② 咸肉切条，油温六成下咸肉炸至干香。

③ 油温三成下虾干拉油，捞起备用。

④ 姜、萝卜干煸香，加入咸肉、虾干炒香，加入鸡精、白糖、生抽、料酒炒匀。

⑤ 再加入红椒、韭菜花炒匀，勾芡，淋上香油翻炒均匀。

⑥ 成品。

注意事项

1. 虾干泡水去咸味。

2. 韭菜花要后下锅。

33. 茶香鸡汤海蚌

操作视频

准备材料

主料：海蚌 150g
配料：上海青 15g、碧螺春茶叶 0.5g
调料：鸡汤 150g、盐 3g、福建老酒 5g、鸡精 1g

制作步骤

① ② ③

④ ⑤ ⑥

⑦ ⑧ ⑨

① 海蚌蚌尖片开，留用蚌针、蚌裙。
② 海蚌去除内脏，氽 5 秒钟。
③ 海蚌捞起后加入福建老酒腌制。
④ 上海青改刀成菜胆，焯水。
⑤ 碧螺春茶叶用沸水冲泡。

⑥ 海蚌吸干水分，放入汤盅。
⑦ 在汤盅中加入上海青、茶叶。
⑧ 鸡汤烧开，调入盐、鸡精，倒入汤盅即可。
⑨ 成品。

注意事项

1. 茶叶需先泡发。
2. 海蚌要吸干水分。

34. 香柚干贝松

☁ 准备材料

主料：干贝 150g、西柚 1 个
辅料：肥肉 25g、马蹄 30g、鸭蛋 3 个、葱 5g
调料：料酒 5g、盐 3g、鸡精 5g、白糖 5g、香油 2g

☁ 制作步骤

① 干贝泡发后用刀板碾成丝。

② 干贝丝中加入鸭蛋液。

③ 加入肥肉丝、马蹄丝，调入盐、白糖、鸡精，搅拌均匀。

④ 旺锅润油，倒入干贝鸭蛋液，小火缓慢翻炒呈松散状后淋入料酒、香油炒均匀。

⑤ 起锅前放入西柚肉，最后加入葱翻炒均匀。

⑥ 成品。

☕ 注意事项

1. 干贝需先泡发。

2. 西柚不可提前下锅。

35. 农家鱼头锅

操作视频

准备材料

主料：红莲鱼头 1000g、正蟹 200g
辅料：明虾 100g、三角贝 150g、千叶豆腐 150g、金针菇 100g、花菜 100g
配料：香菜 25g、枸杞 3g、蒜 20g、姜 20g
调料：白汤 2000g、胡椒粉 5g、鸡精 8g、盐 12g

制作步骤

① 正蟹改刀切块。

② 热锅润油下蒜、姜煎至金黄，盛起放入砂锅中。

③ 放入鱼头煎至双面金黄。

④ 将鱼头置砂锅中。

⑤ 将明虾、三角贝、千叶豆腐、金针菇、花菜、蟹块整齐码在鱼头上，白汤中加入鸡精、盐、胡椒粉
   调味后倒入砂锅中，用小火煲 15 分钟，撒上枸杞、香菜。

⑥ 成品。

☻ 注意事项

1. 要用新鲜鱼头。
2. 最后撒上枸杞、香菜。

操作视频

主料：鳗鱼 600g
辅料：西兰花 250g、五花肉 100g
配料：葱 15g、姜 10g、蒜 25g
调料：蚝油 10g、生抽 10g、老抽 3g、鸡精 3g、香油 3g、白糖 20g、料酒 20g

制作步骤

① 河鳗切约 3cm 的段。

② 西兰花切朵状后焯水备用，五花肉去皮切小块装盘备用。

③ 旺锅润油下蒜、姜煎至金黄，盛起待用。

④ 五花肉煸香，放入鳗鱼。

⑤ 鳗鱼煎至两面金黄。

⑥ 放入蒜、姜、蚝油、生抽、老抽、料酒煸香。

⑦ 加入水烧开，调入白糖、鸡精，转小火焖 15 分钟。

⑧ 起大火收汁，至汁稠，最后放入葱段、香油。

⑨ 成品。

🍵 注意事项

1. 河鳗不可开腹。

2. 鳗鱼、五花肉需煎至金黄。

操作视频

准备材料

主料：膏蟹 600g、白萝卜 400g
配料：生姜 10g
调料：盐 3g、鸡精 3g、鸡汤 150g

制作步骤

① ② ③

④ ⑤ ⑥

① 白萝卜去皮切 2cm×4cm×6cm 的块状，码入盘中，蒸 15 分钟后取出。

② 膏蟹改刀切块后摆放在蒸好的白萝卜上。

③ 将姜片放在摆好盘的蟹块上。

④ 鸡汤调入盐、鸡精拌匀。

⑤ 调好味的鸡汤注入盘中，放入蒸箱蒸 8 分钟后拣去姜片。

⑥ 成品。

☕ 注意事项

1. 白萝卜要先蒸熟。

2. 膏蟹不可蒸太久。

38. 咖喱糯米鱿鱼

准备材料

主料：鱿鱼 500g、糯米 200g
辅料：板栗 50g、干贝 20g、三花淡奶 50g
调料：咖喱膏 20g、咖喱粉 15g、盐 5g、白糖 10g、鸡精 5g

制作步骤

① 干贝剁细，板栗切小块。

② 糯米沥干水分，加入板栗、干贝。

③ 糯米中加入咖喱粉、盐、鸡精搅拌均匀。

④ 将糯米装入鱿鱼筒里面。

⑤ 用竹签封口糯米鱿鱼，入蒸箱蒸 30 分钟。

⑥ 取出直刀切 0.5cm 的片摆盘。

⑦ 净锅润油下咖喱膏炒香，加入清水烧开，调入三花淡奶、盐、白糖、鸡精。

⑧ 酱汁淋糯米鱿鱼上。

⑨ 成品。

☙ 注意事项

1. 糯米泡水 2 小时以上。

2. 鱿鱼内糯米不能装太多。

操作视频

主料：膏蟹 500g
辅料：鸡蛋 6 个、青豆 15g、干贝 15g、虾仁 25g、白木耳 10g、枸杞 3g
调料：盐 8g、鸡精 7g、生粉 6g

制作步骤

① ② ③

④ ⑤ ⑥

⑦ ⑧ ⑨

① 打入 6 个鸡蛋，放入盐、鸡精、水搅拌均匀。

② 鸡蛋蒸熟取出备用。

③ 膏蟹蒸熟，切块，留蟹钳和蟹壳备用。

④ 取出蟹肉。

⑤ 蟹壳、蟹钳摆盘。

⑥ 锅中加入青豆、白木耳、干贝、虾仁、枸杞、
　蟹肉。

⑦ 放入鸡精、盐，勾芡。

⑧ 将调好的汁淋在摆好的蟹壳上。

⑨ 成品。

🍲 注意事项

　1. 选用新鲜膏蟹。

　2. 蟹蒸熟后取出肉。

操作视频

准备材料

主料：虾仁 250g、白萝卜 250g

辅料：芹菜 30g、枸杞 3g

调料：鸡精 6g、胡椒粉 2g、白糖 2g、盐 6g、香油 4g、生粉 5g

制作步骤

① 虾仁切细剁成泥茸状。

② 加入盐、白糖、鸡精、胡椒粉，搅上劲后加入香油、生粉拌匀成虾胶。

③ 白萝卜去皮切成丝，芹菜切末。锅中水烧开放入白萝卜丝，加入盐、鸡精。

④ 将虾胶滑入锅中煮熟。

⑤ 放入芹菜末、枸杞，淋入香油。

⑥ 成品。

🍲 **注意事项**

1. 虾仁需要沥干水分。

2. 虾胶要搅上劲。

代表名菜

操作视频

主料：猪腰 300g
辅料：红辣椒 10g、鸡蛋 1 个
配料：葱 10g、姜 20g
调料：盐 3g、生粉 50g、料酒 10g、胡椒粉 5g、鸡汁 5g、香醋 5g

制作步骤

①

②

③

④

⑤

⑥

① 猪腰洗净，去除外表薄膜，从中间划开去除内膜，再片成薄片，汆制。

② 加入盐、胡椒粉、料酒抓匀，加入蛋清、生粉腌制上浆。

③ 放水中煮至八成熟。

④ 在盛放猪腰的碗中放入葱粒、辣椒粒、姜丝。

⑤ 上汤中加入盐、鸡汁、香醋、葱、姜、胡椒粉，煮开后浇淋在猪腰上。

⑥ 成品。

注意事项

1. 猪腰要先汆制。

2. 猪腰要片薄片，后期用上汤淋熟。

42. 半月沉江斋

  半月沉江，原名当归面筋汤，是福建厦门南普陀寺素菜馆的一道素席名菜。1962 年，郭沫若到南普陀寺游玩，他在南普陀寺素菜馆用餐时，看到了当归面筋汤这道菜。只见这道菜肴中一半为白色面筋，一半为黑色香菇，色泽分明、清香扑鼻。于是，郭沫若以"半轮月影沉江底"为意境将其命名为"半月沉江"。可以说，"半月沉江"十分形象地概括了"当归面筋汤"的独特魅力。

  郭沫若用完餐后，还挥毫题写了《游南普陀》一诗："我自舟山来，普陀又普陀。天然林壑好，深憾题名多。半月沉江底，千峰入眼窝。三杯通大岛，五老意如何？"由于郭沫若的命名和题诗，"半月沉江"声名鹊起。

操作视频

准备材料

主料：水面筋 400g
辅料：芹菜 15g、冬笋 60g、西红柿 120g、香菇干 30g
调料：香醋 5g、盐 4g、当归 6g

制作步骤

① ② ③ ④

⑤ ⑥ ⑦ ⑧

⑨ ⑩ ⑪ ⑫

① 油温七成，放入水面筋炸至金黄。将炸好的水面筋过水后捞起备用。

② 锅下油，下冬笋、西红柿、芹菜、当归、水面筋、盐，翻炒均匀。

③ 加入清水烧开，捞起水面筋沥干水分。

④ 当归拣出，汤和辅料分离。

⑤ 水面筋切片。

⑥ 香菇码一半，水面筋码另一半。

⑦ 中间填充冬笋、芹菜、西红柿压实，倒扣在盘中央，注入汤，放入蒸箱蒸熟。

⑧ 将当归泡在盐水中，放入蒸箱蒸熟，过滤出当归汤。

⑨ 倒去盘中的水，取出扣碗。

⑩ 注入当归汤、香醋。

⑪ 撒上芹菜。

⑫ 成品。

🍲 注意事项

1. 水面筋大小均匀一致。
2. 当归用量合适。

操作视频

准备材料

主料：肥肠 120g、光饼 80g
配料：姜片 10g、蒜片 10g、干辣椒 10g、红椒 10g、青椒 10g、葱 10g
调料：料酒 10g、生抽 10g、辣椒油 10g、蚝油 10g、香油 3g

制作步骤

① 煮好的肥肠斜切成条片状。

② 光饼斜切成块状。

③ 锅中下油，油温四成将光饼放入炸至金黄。

④ 锅留底油，下干辣椒、蒜片、姜片炒香。

⑤ 加入肥肠翻炒。

⑥ 加入生抽、蚝油、料酒翻炒均匀。

⑦ 加入葱、青红椒翻炒均匀。

⑧ 加入辣椒油、香油、炸好的光饼，快速翻炒出锅装盘。

⑨ 成品。

🍲 **注意事项**

1. 光饼要先炸一遍。

2. 肥肠要用卤大肠。

44. 淡糟螺片

操作视频

准备材料

主料：黄螺 200g
辅料：红糟 30g、洋葱 20g、黄瓜 20g
配料：葱 10g、姜 20g
调料：香醋 3g、料酒 10g、胡椒粉 5g、盐 5g、白糖 10g、香油 3g

制作步骤

①   ②   ③

④   ⑤   ⑥

① 洋葱、黄瓜加盐炒香垫底备用。
② 锅中加入姜、葱煸香，再加入碾细的红糟炒香，然后加入清水炒匀。
③ 将炒好的红糟汁过滤至碗中。
④ 螺片入 80℃水中余制，捞出沥干备用。
⑤ 倒入红糟汁后加入香油、盐、白糖、胡椒粉、香醋、料酒，再倒入螺片翻炒均匀即可。
⑥ 成品。

🍲 注意事项

    1. 螺肉要片薄片。
    2. 红糟要碾细后再下锅。

45. 闽南封肉

　　据说，很久以前，同安有请神出巡的习俗，居民煮咸粥款待轿夫和游客。有人想了一个办法：用酱油把整块肉上色，配上几种调料煮熟，放入煮好的粥里，油光发亮的肉让整锅粥瞬间香气四溢。后来，人们发现用纱布包裹焖炖制熟后的方肉最好吃，于是这种方法延续至今。由于"方"与"封"在闽南语中音相同，时间久了，人们把"方肉"叫成了"封肉"。

操作视频

准备材料

主料：五花肉 500g
辅料：鱿鱼干 50g、瑶柱 50g、香菇 10g、虾干 30g
配料：姜 10g、蒜 10g、葱 20g、干辣椒 10g、香叶 3g、八角 3g、桂皮 3g
调料：盐 5g、料酒 10g、排骨酱 20g、冰糖 50g、生抽 10g、老抽 10g

制作步骤

① 方形五花肉去除毛质，洗净。锅中加清水、姜、料酒，放入五花肉煮至五成熟（定型）。
② 改大十字花刀待用。
③ 取一纱布置于砂锅中，五花肉皮面朝下放入。在肉面上加入瑶柱、香菇、虾干、鱿鱼干。
④ 然后纱布四角扎紧。

⑤ 另置一炒锅，加入冰糖炒糖色，然后加入清水。
⑥ 加入桂皮、八角、香叶、干辣椒、姜、蒜、生抽、老抽、料酒、盐、排骨酱、葱，调成酱汁。
⑦ 将酱汁倒入砂锅中。
⑧ 文火煲制 2 小时左右。
⑨ 成品。

🍽 注意事项

1. 五花肉要先煮一下再改刀。
2. 要炖至足时才能入味。

太平燕是福州的一道名菜。根据福州的风俗，逢年过节、吉日喜庆，餐桌上都少不了这道菜。特别是在结婚筵席上，这道菜一上桌，还需鸣放鞭炮以示庆贺。为什么福州人如此重视这道菜呢？关键就在这道菜的名称上。

"太平燕"主要由鸭蛋和肉燕组成。肉燕又称"扁肉燕"，由于它的形状有点像含苞待放的长春花，故又名"小长春"。福州方言称蛋为"卵"，称鸡蛋为"鸡卵"、鸭蛋为"鸭卵"，前者与"羁乱"谐音，含义不吉利，而后者则与"压乱"谐音，含有平安、太平、大吉大利之意，因此福州人又通称鸭蛋为"太平"。福州有句老话："吃鸭蛋讲太平"。正因如此，福州人过生日吃线面煮成的寿面，一定要加上两个鸭蛋，叫"太平面"，象征着平安长寿。外出远行或久客归来，也要吃上一碗太平面，希望一路顺风和家居平安。

操作视频

准备材料

主料：鲜鱼肉 100g、五花肉 500g
辅料：马蹄 50g、虾仁 30g、葱 10g、鹌鹑蛋 50g、紫菜 20g、肉燕皮 50g
调料：料酒 10g、生粉 30g、香油 3g、胡椒粉 3g、鸡汁 5g、盐 5g

制作步骤

① 将五花肉切小块，放破壁机打成肉茸。

② 鱼肉和虾仁放入破壁机打成鱼虾茸。

③ 将鱼虾茸、肉茸混合在一起。

④ 加入拍碎的马蹄、盐、胡椒粉、生粉搅拌均匀。

⑤ 把调好的肉馅包入肉燕皮中。

⑥ 放入蒸箱蒸 40 分钟后倒出待用。

⑦ 葱炒香，倒入清水，加入盐、鸡汁、料酒。

⑧ 水烧开，倒入肉燕，煮熟。

⑨ 碗中放入紫菜、氽好的鹌鹑蛋，加上胡椒粉、香油，倒入肉燕即可。

🍲 注意事项

1. 肉燕要先蒸熟。
2. 肉燕大小要均匀。

47. 涂岭猪蹄

涂岭猪蹄制作技艺至今有几百年历史，为泉港当地民众宴请亲友和款待宾客的招牌菜。涂岭靠山，土猪长期在外放养，腿部肉质格外紧实。加之涂岭贯通福州、厦门的特殊地理位置，客商南来北往，卤猪蹄备受客商喜爱，制作技艺代代传承。卤猪蹄选材以猪腿肉为主，配以鱿鱼干、香菇等，食材集泉港山海特色，成品香气诱人。

操作视频

准备材料

主料：猪蹄膀 1 个
辅料：香菇 50g、鱿鱼干 100g
配料：八角 10g、香叶 10g、桂皮 10g、蒜 30g、姜 20g、葱 20g
调料：加饭酒 10g、鸡精 5g、黄冰糖 30g、白酒 10g、生抽 10g、啤酒 130g、盐 5g

制作步骤

① ② ③ ④

⑤ ⑥ ⑦ ⑧

⑨ ⑩ ⑪ ⑫

① 猪蹄放入水中，水煮开后撇去浮沫。

② 猪蹄捞出洗净备用。

③ 黄冰糖炒糖色。

④ 下猪蹄翻炒至上色后，倒入生抽翻炒均匀。

⑤ 放入葱结、姜片、蒜。

⑥ 放入香菇、鱿鱼干翻炒均匀。

⑦ 加入盐、鸡精、啤酒、加饭酒、白酒，放入八

角、桂皮、香叶翻炒均匀。

⑧ 加入清水。

⑨ 水烧开转小火。

⑩ 炖煮入味。

⑪ 入味后大火收汁。

⑫ 成品。

注意事项

1. 炒糖色注意火候。

2. 炖至足时入味。

操作视频

主料：猪瘦肉 300g
辅料：马蹄 50g
配料：蒜 10g、葱 10g
调料：料酒 10g、白糖 10g、香油 5g、香醋 5g、红曲粉 10g、生抽 6g、盐 5g、生粉 30g

制作步骤

① 将猪瘦肉切成厚片，在肉片上改十字花刀后再切成菱形块，加入盐、料酒腌制 10 分钟。

② 马蹄切块。

③ 放入马蹄、红曲粉、生粉抓匀。

④ 油温五成，肉捏紧实放入油中炸熟捞出，沥干油。

⑤ 锅留余油，下蒜米、葱段煸香，倒入生抽、香醋、白糖、生粉、料酒、香油拌匀，再倒入炸好的荔枝肉，翻炒均匀。

⑥ 成品。

☝ 注意事项

　1. 猪肉改刀时要先拍一拍。

　2. 油温五成，下锅炸熟。

49. 南煎肝

准备材料

主料：猪肝 800g
辅料：洋葱 20g、青椒 5g、红椒 5g
配料：小葱 5g、姜 5g、蒜 5g
调料：白糖 10g、陈醋 10g、生粉 15g、生抽 10g、盐 5g、老抽 5g

制作步骤

① ② ③

④ ⑤ ⑥

① 将猪肝切成硬币厚度的长条片，加入盐、生粉搅拌均匀。
② 碗中加入盐、白糖、陈醋、生抽、老抽调成酱汁。
③ 锅中加入油，将猪肝用小火煎至两面金黄，装盘备用。
④ 锅中余油将洋葱炒香，放入盐炒匀，装盘备用。
⑤ 锅中下蒜、姜末稍煸，倒入调好的酱汁炒香，倒入猪肝，撒上青、红椒丁炒匀。
⑥ 装盘，撒上葱花即可。

> 🍲 注意事项
>
> 1. 猪肝炒之前要先煎一遍。
> 2. 猪肝不宜炒太老。

沙茶酱是用十几种营养丰富的海鲜与山珍经过十多道工艺精制而成的。沙茶面由一定配比的沙茶酱和高汤配成的汤头加上配料制成，味道鲜美，甜辣可口。

准备材料

主料：面条 300g
辅料：姜 10g、虾仁 50g、鱿鱼 30g、洋葱 30g、花蛤 50g、虾 100g、生菜 100g、胡萝卜 50g
调料：白酒 10g、鸡汁 10g、沙茶辣粉 30g、盐 5g、牛奶 10g、花生酱 30g、沙茶酱 30g、红油 50g

制作步骤

① 热锅倒入适量油，下洋葱、姜炒香。

② 倒入沙茶辣粉炒匀，加入花生酱、沙茶酱、白酒、红油、上汤，调入盐、鸡汁、牛奶搅拌均匀，调成沙茶汤底。

③ 汤底加入面条。

④ 把汤煮开。

⑤ 加入海鲜辅料、胡萝卜花煮熟，入味即可。

⑥ 生菜垫碗底，先捞面，再放煮好的海鲜食材，摆上胡萝卜花，浇上汤汁。

注意事项

1. 用上汤味道更佳。
2. 要加入牛奶。

操作视频

主料：海蛎 300g
辅料：紫菜 30g、鸡蛋 1 个
配料：姜 15g、葱 15g
调料：油炸粉 300g、啤酒 150g、盐 3g、椒盐粉 15g、香油 3g、花生油 50g

制作步骤

① 海蛎洗净、沥干，紫菜泡发、剪细并捏干水分，姜、葱洗净切碎。

② 海蛎中加入紫菜、姜末、葱花，调入盐、椒盐粉拌匀。

③ 倒入油炸粉，打入鸡蛋，倒入啤酒拌均匀，最后加入花生油、香油搅拌成紫菜海蛎糊。

④ 油温五成，将海蛎糊挤成丸子下油锅。

⑤ 炸至金黄，捞起沥干。

⑥ 成品。

　　注意事项

　　1. 海蛎、紫菜要沥干水分。

　　2. 要加入啤酒。

52. 炸醋肉

　　炸醋肉是地道的闽南小吃。早期闽南人有加入蒜和醋腌肉的习惯，后来有人因为不小心将肉掉进了油锅里，顿时香味扑鼻，拿出来品尝，发现味道极佳，后来就出现了炸醋肉的做法。

准备材料

主料：五花肉 500g
辅料：鸡蛋 1 个
配料：姜 20g、蒜 20g、葱 15g
调料：红薯粉 30g、生粉 30g、胡椒粉 5g、白糖 15g、盐 5g、陈醋 20g、料酒 10g、生抽 20g

制作步骤

① 肉切成条。
② 加入葱、蒜、姜。
③ 加入盐、白糖、胡椒粉、生抽、陈醋、料酒抓拌均匀，打入鸡蛋搅匀，加入生粉、红薯粉搅拌均匀，
　腌制 20 分钟左右。
④ 置锅下油，油温五成时下腌好的醋肉炸至金黄捞出。
⑤ 复炸一遍。
⑥ 成品。

注意事项

　　1. 炸醋肉，油温要在五成左右。
　　2. 醋肉必须复炸一遍才能酥脆。

53. 厦门炒面线

炒面线是厦门独具特色的传统名菜,是由福建的名菜馆"全福楼"和"双全酒家"的几位老师傅在烹饪实践中创造出来的,至今已有五六十年历史。

操作视频

准备材料

主料：面线 200g
辅料：虾仁 50g、鱿鱼 50g、包菜 50g、鸡蛋 2 个、胡萝卜 50g
配料：葱 10g、葱酥 8g
调料：老抽 3g、生抽 10g、鸡精 10g、蚝油 5g、香油 5g、胡椒粉 5g

制作步骤

① 鱿鱼、胡萝卜、包菜切丝，鸡蛋炒好备用。

② 锅中置水，放入面线。

③ 面线快煮好时放入虾仁、鱿鱼，再捞起沥干。

④ 热锅冷油，倒入鸡蛋、胡萝卜、包菜。

⑤ 倒入面线、虾仁、鱿鱼，加入鸡精、生抽、蚝油、胡椒粉、香油、老抽，翻炒均匀，出锅前撒上葱、
   葱酥翻炒。

⑥ 成品。

注意事项

面线、海鲜要先在水中煮一下。

操作视频

主料：猪腰 500g、海蜇 100g
辅料：馒头 50g、青椒 10g、花菜 30g、红椒 10g
配料：姜 5g、蒜 5g
调料：鸡精 10g、陈醋 10g、生抽 5g、白糖 10g、胡椒粉 3g、料酒 5g、香油 3g、老抽 3g、盐 5g

制作步骤

① 猪腰去外膜，片去内臊，从背面先剞直刀，再斜片花片刀。
② 海蜇泡水去除盐味，切佛手形花刀。
③ 馒头切丁，炸至酥香金黄垫于盘底。
④ 用鸡精、胡椒粉、料酒、老抽、生抽、陈醋、盐、清水、香油、白糖调成酱汁。
⑤ 将海蜇、猪腰用水煮一下。
⑥ 沥干水，待用。
⑦ 花菜、青红椒快速拉油。
⑧ 锅留底油，下姜、蒜炒香，倒入酱汁，倒入海蜇、猪腰、花菜、青红椒，快速翻炒，出锅装盘。
⑨ 成品。

注意事项

1. 猪腰要先煮一下。
2. 猪腰不能翻炒过久。

操作视频

准备材料

主料：猪腰 300g、猪肝 300g、南瓜苗 100g、五花肉 100g、花肠 100g
辅料：桑叶 10g、枸杞 3g、姜 5g、鸡蛋 1 个
调料：生粉 100g、盐 5g、五香粉 10g、料酒 10g、胡椒粉 5g

制作步骤

① 猪腰改刀去内膜切成长条，猪肝先切片再切条，五花肉切条，花肠从中间剖开再切成长条。
② 放入姜末、五香粉、胡椒粉搅拌均匀，再倒入鸡蛋清、生粉搅拌至包浆。
③ 锅中加水，加入料酒、盐，烧开后再倒入南瓜苗、枸杞焯水备用。
④ 锅中加入清水、倒入料酒，氽制腌好的三元料。
⑤ 锅中加入姜丝、盐、料酒、胡椒粉，倒入氽好的三元料煮开。
⑥ 钵碗底垫入洗净的桑叶，放入焯好的南瓜苗、枸杞，倒入煮好的三元料。

🍲 **注意事项**

1. 南瓜苗要先焯水。
2. 桑叶直接垫底。

56. 海蛎煎

操作视频

主料：海蛎 200g
辅料：葱 50g、姜 5g、鸡蛋 1 个
调料：盐 5g、鸡汁 10g、胡椒粉 3g、料酒 10g、香油 5g、甜辣酱 30g、生粉 50g

制作步骤

① ② ③

④ ⑤ ⑥

① 取一容器放入切好的姜末、葱段，加入胡椒粉、盐、鸡汁、料酒、香油搅拌均匀。

② 加入生粉搅拌均匀。

③ 放入海蛎后再次搅拌均匀。

④ 热锅冷油，倒入拌好的海蛎，均匀摊开煎制，煎至两面金黄。

⑤ 淋上蛋液，出锅改刀成块。

⑥ 成品。

注意事项

1. 海蛎必须清洗干净。

2. 煎的过程中，不要弄散海蛎。

57. 面线糊

相传，乾隆皇帝下江南时，来到一个叫罗甲村的小村庄。那时正值粮食短缺，村民全都穷得揭不开锅。为此，村民急得团团转，实在想不出要弄什么菜肴来招待皇帝。乾隆皇帝在一位秀才家门口下了轿，村里人都替秀才捏了把汗。秀才的妻子急中生智，找了块猪骨头和一点鱼干，洗净后下锅熬出一碗汤，又去柜子里找出一把面线碎和一把木薯粉，和着就做出了一碗面线糊。乾隆皇帝吃后，感觉味道非常鲜美，便问这"龙须珍珠粥"是用什么做的。秀才妻子大胆回答说，这是祖传秘方，用上等面线和特等精制地瓜粉加工而成。乾隆皇帝听后，便重重赏赐了这位巧媳妇，而面线糊也就这样传播开来。

操作视频

主料：细面线 200g
辅料：虾仁 30g、黄鱼干 30g、醋肉 30g、油条 30g、鱿鱼 30g、香菇 20g、小葱 10g
调料：盐 5g、鸡汁 5g、料酒 5g、胡椒粉 5g、高汤 500g、淀粉 5g

制作步骤

①

②

③

① 高汤烧开，倒入黄鱼干，加入料酒、盐、鸡汁、胡椒粉，倒入细面线，打入水淀粉。

② 细面线煮至漂浮。

③ 装盘，码上处理好的醋肉、虾仁、鱿鱼、香菇和油条，撒上葱花。

☕ 注意事项

　　1. 面线糊要用高汤煮。

　　2. 面线糊需要勾芡。

操作视频

![准备材料]

主料：鸭 800g
辅料：姜 500g
配料：当归 5g、干辣椒 5g、香叶 5g、八角 5g
调料：盐 10g、生抽 20g、白糖 30g、香油 30g、料酒 20g、白酒 10g

![制作步骤]

① ② ③

④ ⑤ ⑥

① 鸭宰杀后切成块，放上少许盐进行腌制。

② 姜切片。

③ 锅中加入香油，倒入姜片，炒至干香焦黄，撒上少许白糖，放入鸭肉不断翻炒。

④ 待到鸭肉外皮起焦出油时，放入当归、八角、香叶、干辣椒继续翻炒，再加入料酒、白酒、生抽，撒上姜片。

⑤ 盖上盖子煲熟，再撒上少许白糖焖煮半小时。

⑥ 成品。

☕ 注意事项

1. 鸭肉不需要余制。

2. 姜要选用老姜，且不能去皮。

操作视频

准备材料

主料：青蟹 600g

辅料：洋葱 100g、大葱 100g、蒜 100g、姜 350g

调料：蚝油 25g、胡椒粉 3g、料酒 5g、香油 15g、鸡精 5g

制作步骤

① 青蟹切块。

② 姜切细剁成末，热锅冷油，下姜末用中火炒香。

③ 加入调料炒均匀，制成姜蓉，出锅备用。

④ 砂锅置中火上，淋入香油，加入洋葱、大葱、蒜炒香。

⑤ 摆入青蟹，淋上姜蓉，加盖焗 15 分钟。

⑥ 成品。

注意事项

1. 蟹块改刀要均匀。

2. 用中大火焗 15 分钟。

60. 辣炒双菇

操作视频

主料：虾菇干 100g、茶树菇 250g
配料：蒜 5g、红椒 35g、青椒 35g、干辣椒 10g
调料：辣椒酱 10g、料酒 5g、鸡精 3g、香油 3g、生抽 10g

制作步骤

① 虾菇干用热水清洗。
② 油温五成，下虾菇干炸至褐黄色，捞起备用。
③ 油温七成，下茶树菇炸至褐黄色，捞起备用。
④ 锅留余油，下蒜、干辣椒煸香，加入青、红椒炒断生。
⑤ 放入茶树菇、虾菇干，加入调料，翻炒均匀。
⑥ 成品。

注意事项

1. 虾菇干要用热水清洗，去除咸味。
2. 油温七成炸茶树菇。

61. 生啫大黄鱼

操作视频

准备材料

主料：黄鱼 600g
配料：香菜 15g、姜 50g、洋葱 50g、蒜 50g
调料：生抽 15g、黄豆酱 15g、鸡精 3g、料酒 10g、香油 10g、白糖 3g、胡椒粉 3g

制作步骤

① 黄鱼宰杀洗净后切成 1cm 厚的片，加入调料。

② 将加入调料的黄鱼片抓拌均匀，腌制 15 分钟。

③ 取砂锅一个，下入油烧热后，倒入洋葱、姜、蒜煸炒出香味。

④ 将腌制好的黄鱼片均匀地码放在砂锅中。

⑤ 盖上盖子，焗 15 分钟，淋上料酒，放入香菜煲 1 分钟即可。

⑥ 成品。

注意事项

1. 黄鱼不可开腹。
2. 黄鱼要先腌制。

62. 五指毛桃炖甲鱼

操作视频

主料：甲鱼 600g
辅料：五指毛桃 30g、上排 150g
配料：姜 15g、枸杞 5g
调料：盐 5g、鸡精 3g、料酒 10g

制作步骤

①

②

③

④

⑤

⑥

① 上排切块。

② 甲鱼切块。

③ 甲鱼、上排分别氽制后洗净，置汤碗中。

④ 汤碗中加入枸杞、姜片、五指毛桃，放入盐、鸡精、料酒，再加入清水。

⑤ 上蒸箱蒸 30 分钟。

⑥ 成品。

注意事项

1. 甲鱼去油脂黑膜。
2. 甲鱼切块大小均匀。

63. 丝瓜蛏子羹

操作视频

准备材料

主料：蛏子 300g
辅料：丝瓜 100g
配料：葱 10g、姜 10g、胡萝卜 10g
调料：鸡汁 10g、胡椒粉 5g、料酒 5g、盐 5g、生粉 30g

制作步骤

① ② ③

④ ⑤ ⑥

① 蛏子放入锅中汆制。
② 蛏子去壳后加入盐、胡椒粉、生粉，搅拌均匀。
③ 丝瓜切块。
④ 锅中下水，下姜丝、丝瓜、胡萝卜，烧至微开时下蛏子肉。
⑤ 水开后下鸡汁、盐、料酒。
⑥ 碗中放葱段、胡椒粉，煮开的蛏子汤倒入碗中。

注意事项

1. 蛏子汆制时间不宜太久。
2. 蛏子要去壳。

操作视频

准备材料

主料：牛排 1000g

配料：姜 15g、干辣椒 10g、八角 8g、香叶 5g、当归 5g、陈皮 3g

调料：香油 3g、白糖 10g、料酒 10g、生抽 15g、鸡精 5g、咖喱酱 10g、老抽 3g、排骨酱 10g

制作步骤

① 牛排斩成小块放入锅中，水煮开后去除浮沫，洗净沥干待用。

② 下香油，把姜片炒香。

③ 倒入牛排，喷入料酒。

④ 加入生抽、老抽翻炒均匀。

⑤ 再加入鸡精、排骨酱、咖喱酱，放入干辣椒、陈皮、香叶、八角、当归。

⑥ 翻炒均匀。

⑦ 倒入清水，加入白糖。

⑧ 文火烹制 2 小时，待汤汁收至三分之一时，即可起锅装盘。

⑨ 成品。

🍲 注意事项

1. 牛排要先余制。

2. 牛排至少要煲 2 小时。

65. 黄瓜炒肉粳

准备材料

主料：猪肉 300g
辅料：黄瓜 200g
配料：姜 10g、蒜 10g、红椒 10g
调料：胡椒粉 5g、白糖 10g、料酒 5g、生粉 10g、蚝油 5g、盐 5g、生抽 5g、香油 3g

制作步骤

① ② ③
④ ⑤ ⑥
⑦ ⑧ ⑨

① 猪肉改刀成条，加入盐、料酒、胡椒粉抓拌均
　匀，再加入生粉抓匀，腌制 10 分钟。
② 黄瓜一剖四瓣，去除中间的瓜瓤，再斜切成条
　形状。姜、蒜分别切片，红椒切长条待用。
③ 切好的黄瓜焯水后过凉，再沥干水分待用。
④ 热锅润油，留底油将腌好的肉条在锅中煎成焦
　黄色。

⑤ 放入姜片、蒜片、红椒条继续翻炒。
⑥ 放入黄瓜条。
⑦ 倒入料酒、盐、白糖、蚝油、生抽、胡椒粉、
　香油。
⑧ 翻炒均匀。
⑨ 成品。

☺ 注意事项

1. 猪肉要先腌制。
2. 黄瓜要焯水。

操作视频

主料：五花肉 500g
辅料：梅干菜 50g、西兰花 100g
配料：姜 10g、葱 10g、红椒 20g
调料：香油 3g、白糖 30g、香菇肉酱 30g、料酒 10g、生抽 10g、五香粉 5g、海鲜酱 10g、盐 3g

制作步骤

① 五花肉清洗干净，改十字花刀。

② 五花肉放入锅中，水煮开后撇去浮沫，捞起备用。

③ 锅中倒入色拉油、白糖炒出糖色，倒入清水，加入生抽、香菇肉酱、海鲜酱、盐、五香粉。

④ 放入五花肉煮至入味，加入姜末、梅干菜，盖上锅盖，文火再焖煮 20 分钟。

⑤ 撒葱花、红椒丁，淋上香油即可出锅。

⑥ 西兰花焯水过凉后围边，将烧好的肉放置盘中，淋上肉汁。

☕ 注意事项

　1. 五花肉要先汆制。

　2. 炒糖色上色自然。

准备材料

主料：净鸭 500g
配料：香菇 30g、姜 5g、葱 10g
调料：鸡精 3g、沙茶酱 15g、花生酱 5g、生粉 3g、老抽 3g、生抽 8g、料酒 5g、白糖 5g

制作步骤

① 净鸭洗净放入锅中，水煮开后撇去浮沫。
② 鸭肉捞起，用老抽、料酒腌制。
③ 油温六成下鸭肉炸至紧皮。
④ 捞起晾凉后切块。
⑤ 热锅润油，下葱、姜煸香，加入沙茶酱、料酒。
⑥ 加入鸭块和清水。
⑦ 加入香菇、生抽、花生酱、白糖、鸡精调味。
⑧ 烧至鸭块酥烂，去除葱、姜后勾芡。
⑨ 成品。

注意事项

1. 鸭肉汆制后上色。
2. 鸭块大小均匀。

68. 肚条烩菌菇

准备材料

主料：猪肚 500g
辅料：杏鲍菇 50g
配料：青红黄彩椒 10g、葱 10g、姜 10g、蒜 10g、洋葱 10g
调料：料酒 10g、生抽 10g、盐 5g、蚝油 10g、白糖 5g、香油 5g

制作步骤

① ② ③

④ ⑤ ⑥

① 猪肚洗净切条，汆制后捞起备用。

② 杏鲍菇炸至金黄色捞出。

③ 彩椒、洋葱快速拉油，捞出备用。热锅留底油，下葱、姜、蒜煸香，加入猪肚、杏鲍菇炒香。

④ 淋上料酒，加入白糖、盐、蚝油、生抽。

⑤ 倒入彩椒、洋葱，淋上香油，翻炒均匀。

⑥ 成品。

注意事项

1. 猪肚要先汆制。
2. 杏鲍菇要先炸熟。

69. 葱烧通心鳗

操作视频

准备材料

主料：河鳗 600g
辅料：西兰花 250g、香菇 15g、冬笋 50g、葱 200g、姜 10g
调料：生抽 5g、老抽 3g、白糖 10g、蚝油 15g、料酒 15g、鸡精 3g

制作步骤

① 河鳗杀洗干净，切成 3cm 左右的段。

② 西兰花洗净，切朵状；香菇泡发；冬笋、生姜洗净。取 50g 葱切 2.5cm 的葱白段，其余切成长段。冬笋切 2.5cm 的粗丝，姜切片，香菇切粗丝。

③ 西兰花、冬笋、香菇焯水备用。

④ 油温六成下河鳗炸至金黄捞起。

⑤ 下长葱段、姜片炸香捞起。

⑥ 锅留余油，下长葱段、姜片，调入蚝油、老抽、生抽、白糖、料酒、鸡精。

⑦ 加入适量的水，倒入河鳗烧透，取鳗段，原汁留用。

⑧ 将鳗段脊骨取出，塞入葱白段、冬笋、香菇，码入扣碗中，注入原汁，上蒸箱蒸 10 分钟。

⑨ 将扣碗翻扣盘中，原汁入锅打芡后，淋在鳗鱼上，用西兰花围边。

注意事项

1. 河鳗不可开腹。

2. 葱、姜要先炸香。

70. 芥菜饭

主料：大米 800g、芥菜 300g
辅料：鱿鱼干 200g、干贝 100g、虾干 100 g、五花肉 100g、花生米 30g、洋葱 20g
调料：生抽 10g、鸡汁 10g、盐 5g

制作步骤

① 洋葱切碎，用油浸炸成葱油。
② 热锅冷油下五花肉、鱿鱼干煸香，加入虾干、干贝翻炒均匀，调入生抽、盐，加入清水。
③ 将浸泡好的米沥干水分，倒在锅中，淋上葱油、鸡汁、生抽。
④ 倒入蒸格，放进蒸箱中蒸熟米饭。
⑤ 芥菜横切，加盐炒拌待用。
⑥ 用筷子控散米饭，加入芥菜、花生米搅拌均匀。

☙ 注意事项

　　1. 洋葱要炸至金黄才香。
　　2. 芥菜不用焯水。

操作视频

准备材料

主料：牛肉 200g
配料：香菜 20g、姜 10g
调料：生抽 10g、料酒 15g、鸡汁 10g、食用碱 3g、胡椒粉 5g、盐 5g、生粉 50g、骨汤 500g

制作步骤

①   ②   ③

④   ⑤   ⑥

① 牛肉改刀成 0.8cm×0.8cm×6cm 的牛肉条，加入食用碱泡制后洗净，放入姜末、盐、料酒、鸡汁、胡椒粉、生抽，腌制 10 分钟。

② 放入生粉，抓拌均匀。

③ 锅下水，烧开后转小火，下牛肉条氽至断生。

④ 捞出备用。

⑤ 碗中放入姜和香菜。

⑥ 锅中下骨汤烧开后倒入牛肉，煮熟即可起锅装盘成菜。

🍲 注意事项

1. 牛肉需要用食用碱浸泡。

2. 牛肉上浆合适。

操作视频

准备材料

主料：豆腐 350g
辅料：五花肉 200g、虾仁 100g
配料：红椒 10g、葱 10g、姜 10g、蒜 10g
调料：蚝油 20g、盐 5g、排骨酱 10g、胡椒粉 5g、生粉 10g、生抽 10g

制作步骤

① 豆腐切块。

② 五花肉、虾仁放入破壁机打成肉泥。

③ 豆腐炸至金黄。

④ 将炸好的豆腐放入碗中。

⑤ 将豆腐中部挖空，撒上生粉涂抹内壁，酿入肉馅压实。

⑥ 加入生抽、蚝油、排骨酱、胡椒粉、盐、清水搅拌均匀，调好酱汁。

⑦ 豆腐放入油锅中煎制。

⑧ 撒上红椒、葱、姜、蒜，倒入酱汁。

⑨ 起锅装盘成菜。

注意事项

1. 选用紧实的老豆腐。

2. 豆腐改刀要大小均匀。

73. 洋烧排骨

操作视频

准备材料

主料：排骨 400g、芋头 100g
配料：辣椒 10g、洋葱 30g、姜片 10g、葱 10g
调料：胡椒粉 10g、陈醋 3g、老抽 3g、料酒 10g、白糖 10g、生抽 20g、面粉 30g、盐 10g

制作步骤

① 排骨洗净斩切成块，加入面粉、清水，浸泡清洗后沥干水分。

② 加入老抽、生抽、面粉搅拌均匀，腌制 20 分钟。

③ 锅中下油，油温五成时将排骨下入炸熟捞出备用。

④ 芋头切块，油炸至熟。

⑤ 将炸好的排骨过水去油待用。

⑥ 热锅留底油，放入洋葱、辣椒、葱、姜片炒香。

⑦ 排骨、芋头下锅。

⑧ 下调料，小火煮 2 小时即可装盘。

⑨ 成品。

🍵 注意事项

1. 芋头要先炸一遍。

2. 排骨炸完后要过水，避免油腻。

操作视频

主料：地瓜粉条 500g
辅料：五花肉 100g、芹菜 50g、胡萝卜 50g、菠菜 200g、卷心菜 200g、葱酥 10g
调料：盐 3g、生抽 10g、白糖 10g、蚝油 20g、香油 5g

☁ 制作步骤

① 地瓜粉条放入锅中煮一下。

② 过凉以后沥干水分待用。

③ 下五花肉炒制出油，放入胡萝卜炒香。

④ 加入地瓜粉条，调入生抽、蚝油、盐、白糖、香油，炒拌均匀。

⑤ 加入芹菜、卷心菜、菠菜炒均匀入味，最后撒上葱酥。

⑥ 成品。

🍲 注意事项

1. 地瓜粉条要先煮一下。

2. 青菜等快出锅的时候放。

操作视频

主料：蟹 300g
辅料：大葱 30g、姜 30g
调料：盐 5g、浙醋 10g、胡椒粉 5g、生抽 10g、花雕酒 10g、香油 3g

制作步骤

① 蟹对半切开。

② 大葱、姜炒香，再放入蟹煎香。

③ 调入盐、生抽、花雕酒。

④ 加入适量水。

⑤ 加盖起火焗 10 分钟，撒上胡椒粉，淋上香油，翻炒均匀。

⑥ 成品。

🍲 注意事项

　　1. 蟹要选活的。

　　2. 蟹对半切即可。

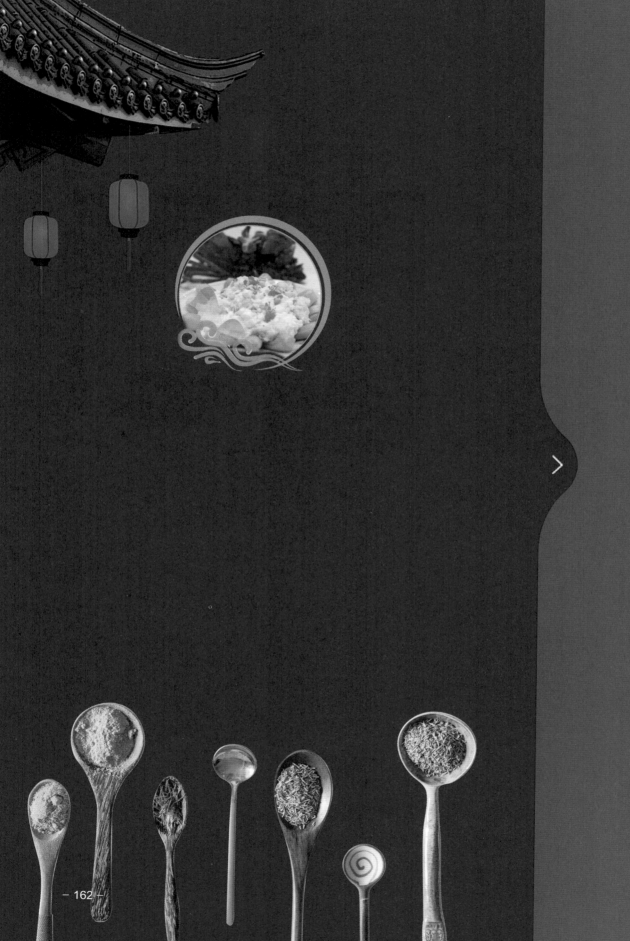

酒店流行菜

76. 鲜淮山炒基围虾

操作视频

准备材料

主料：基围虾 400g
辅料：淮山 200g
配料：百里香 1g、彩椒 20g、蒜 5g
调料：香油 3g、盐 2g、白糖 1g、鸡精 3g

制作步骤

① ② ③

④ ⑤ ⑥

① 淮山去皮洗净，切 0.2cm 左右的片；蒜、彩椒洗净，切片。

② 锅中水烧至 70℃ 左右，下基围虾泡 3 分钟捞起。

③ 基围虾过凉，剥取虾仁煎至金黄。

④ 淮山焯水后捞起，煎至金黄。

⑤ 旺锅润油，下蒜、彩椒炒香，倒入虾仁、淮山，调入盐、鸡精、白糖炒匀，起锅淋入香油，装盘后撒上百里香。

⑥ 成品。

注意事项

1. 淮山要先下锅煎至金黄。
2. 菜装盘后再撒上百里香。

操作视频

主料：扇贝 10 个
辅料：马蹄 150g、芦笋 200g
配料：彩椒 15g、蒜 5g
调料：盐 3g、香油 3g、鸡精 4g、生粉 4g、白糖 3g、料酒 5g、鸡蛋 1 个

☁ 制作步骤

① ② ③

④ ⑤ ⑥

① 扇贝吸干水分，加入盐、鸡精、白糖、蛋清、生粉，腌制上浆。

② 芦笋、马蹄焯水备用。

③ 油温三成，下扇贝滑熟捞起。

④ 锅留余油，下蒜、彩椒煸香，加入芦笋、马蹄、贝柱炒匀。

⑤ 调入盐、鸡精、白糖、料酒炒匀，勾芡，淋香油后装盘。

⑥ 成品。

☁ 注意事项

　　1. 扇贝吸干水分。

　　2. 扇贝上浆恰当。

78. 生菜鳕鱼松

操作视频

准备材料

主料：银鳕鱼 300g
辅料：鸡蛋 1 个、马蹄 15g、萝卜干 25g、胡萝卜 15g、姜 5g、西生菜 250g
调料：白糖 1g、生粉 4g、料酒 3g、胡椒粉 1g、鸡精 4g、盐 4g、香油 3g

制作步骤

① 银鳕鱼切粒。

② 加入盐、鸡精、蛋清搅拌均匀。

③ 油温三成，下鳕鱼滑油至断生后捞出。

④ 锅留余油，姜煸香，倒入马蹄、萝卜干、胡萝卜炒香。

⑤ 下鳕鱼后加入料酒、盐、鸡精、胡椒粉、白糖、水淀粉翻炒均匀，淋上香油后出锅装盘。

⑥ 成品。

注意事项

　1. 鳕鱼改刀大小均匀。

　2. 鳕鱼上浆要合适。

操作视频

准备材料

主料：东星斑 80g
辅料：上海青 50g、浓汤 150g、鸡蛋 1 个
配料：枸杞 1g
调料：盐 2g、生粉 6g、鸡精 1g

制作步骤

① 净东星斑肉洗净，切成约 0.5cm 的片。

② 加入盐、鸡精、蛋清、生粉，搅拌均匀。

③ 腌制上浆。

④ 上海青改刀切成菜胆。

⑤ 菜胆焯水备用。

⑥ 油温三成，下东星斑滑熟。

⑦ 捞起，置汤碗中。

⑧ 浓汤入锅，加入盐、鸡精烧开，用水淀粉勾芡至琉璃状注入汤碗中。

⑨ 装盘，用枸杞点缀。

注意事项

1. 鱼肉新鲜，上浆合适。

2. 油温恰当，鱼肉鲜嫩。

80. 鲜鲍银鳕鱼

操作视频

准备材料

主料：银鳕鱼 300g、鲍鱼 10 只
辅料：青豆仁 25g
配料：蒜 5g、姜 5g
调料：盐 2g、白糖 2g、生抽 10g、鸡精 4g、料酒 5g、香油 2g、生姜汁 4g、生粉 3g

制作步骤

① 银鳕鱼切成块。

② 将切好的银鳕鱼，加入生姜汁、盐、鸡精腌制
入味。

③ 鲍鱼加入生姜汁、生抽、鸡精腌制。

④ 热锅润油，银鳕鱼下锅煎至金黄。

⑤ 鲍鱼煎至金黄。

⑥ 青豆仁拉油至熟，捞起。

⑦ 锅留余油，下姜、蒜炒香，加入银鳕鱼、鲍
鱼、青豆仁，调入生抽、料酒、鸡精、白糖翻
炒均匀。

⑧ 勾芡后淋入香油，炒均匀。

⑨ 成品。

注意事项

1. 腌制入味。

2. 鲍鱼要先煎再炒。

准备材料

主料：鲍鱼 350g
辅料：培根 150g、芦笋 150g
配料：彩椒 15g、蒜 5g、姜 5g
调料：美极鲜 5g、料酒 5g、鸡精 2g、白糖 2g、香油 2g、生粉 4g

制作步骤

① 鲍鱼切薄片。

② 鲍鱼片汆至七成熟后捞起。

③ 芦笋切 3cm 左右的段。

④ 锅中水烧开，芦笋焯水后捞起。

⑤ 培根切 3cm 左右的段。

⑥ 培根煎至焦黄备用。

⑦ 热锅润油，下蒜、姜、彩椒煸香。

⑧ 加入芦笋、鲍鱼翻炒均匀，加入美极鲜、料
酒、鸡精、白糖翻炒均匀，最后加入培根，勾
芡、淋上香油翻炒均匀即可。

⑨ 成品。

注意事项

1. 鲍鱼片厚薄均匀。

2. 汆制鲍鱼要把握好熟度。

82. 菊花青榄炖螺头

操作视频

主料：青橄榄 10g 、螺头 50g
辅料：上排 25g 、清汤 150g 、姜 3g 、菊花 2g
调料：鸡精 1g 、盐 2g

☁ 制作步骤

① ② ③

④ ⑤ ⑥

① 螺头去内脏后氽制。

② 上排改刀后氽制。

③ 青橄榄切头去尾，姜切片。

④ 螺头、上排、青橄榄、姜片放入炖盅。

⑤ 清汤烧开放入盐、鸡精调味后注入炖盅，入蒸箱炖 30 分钟，再放入菊花炖 2 分钟。

⑥ 成品。

☸ 注意事项

1. 选用海螺头。

2. 菊花不可提前放入。

83. 虫草花炖螺头

操作视频

主料：虫草花 5g、鸡爪 25g、螺头 80g
辅料：姜 5g、黄豆 15g
调料：鸡精 1g、盐 2g

制作步骤

①

②

③

① 螺头、鸡爪处理好之后，分别汆制。

② 炖盅中加入螺头、鸡爪、黄豆、虫草花、姜，调入盐、鸡精，注入开水，蒸30分钟。

③ 成品。

注意事项

1. 黄豆先炖烂。

2. 选用海螺头。

操作视频

准备材料

主料：辽参 100g
辅料：野米 50g、青豆仁 15g
调料：鲍鱼汁 10g、老抽 1g、生抽 5g、冰糖 3g、蚝油 5g、生粉 3g、鸡精 2g、上汤 150g

制作步骤

① 野米控干水分，蒸熟，垫入盘底。

② 青豆仁焯水，捞起备用。

③ 辽参氽制，捞起备用。

④ 上汤入锅烧开，放入辽参，调入鲍鱼汁、蚝油、老抽、生抽、冰糖、鸡精，用小火煨至辽参入味，
　 起辽参置野米上。

⑤ 原汁勾芡淋在辽参上，撒上青豆仁点缀。

⑥ 成品。

注意事项

1. 野米泡水足时。
2. 煨制辽参足时入味。

操作视频

☁ **准备材料**

主料：鲍鱼 10 只、牛肝菌 50g
配料：彩椒 30g、蒜 5g、葱 10g
调料：小炒酱 5g、美极鲜 5g、鸡精 3g、白糖 2g、料酒 5g、香油 3g、生粉 3g

☁ **制作步骤**

① 牛肝菌改刀，焯水。

② 鲍鱼切片，汆制。

③ 下蒜、彩椒炒香后，加入牛肝菌翻炒。

④ 放入美极鲜、料酒、鸡精翻炒均匀，倒入小炒酱，勾芡。

⑤ 放入鲍鱼、淋上香油炒匀，撒上葱。

⑥ 成品。

🍲 **注意事项**

1. 鲍鱼改刀厚薄均匀。
2. 汆制鲍鱼要把握好水温、时间。

操作视频

主料：羊肚菌 10g
辅料：芥菜 50g、高汤 100g、枸杞 1g、南瓜泥 30g
调料：生粉 8g、盐 2g、鸡汁 3g

制作步骤

① ② ③
④ ⑤ ⑥

① 羊肚菌焯水备用。

② 芥菜胆焯水备用。

③ 高汤烧开，加入羊肚菌煨入味后捞起。

④ 高汤烧开，加入南瓜泥、盐、鸡汁，用湿淀粉勾芡。

⑤ 芥菜胆、羊肚菌置汤盅内，金汤淋入汤盅中，用枸杞点缀。

⑥ 成品。

☕ 注意事项

　　1. 羊肚菌泡发洗净。

　　2. 羊肚菌煨足时入味。

操作视频

准备材料

主料：虾仁 300g

辅料：枸杞 1g、青豆仁 25g、玉米粒 25g、红腰豆 25g、高汤 300g

调料：生粉 6g、盐 2g、鸡精 2g、白糖 1g、胡椒粉 0.5g、香油 1g

制作步骤

① 虾仁剁成茸。

② 加入白糖、胡椒粉、生粉、鸡精、香油搅拌均匀。

③ 锅中清水烧开，滑入虾球。

④ 高汤烧开，放入青豆仁、红腰豆、玉米粒煮入味。

⑤ 虾球放入高汤中，加入盐、鸡精，煮熟后捞起。

⑥ 高汤勾芡，淋上香油，浇在食材上，最后用枸杞点缀。

🍴 **注意事项**

1. 虾仁新鲜，无异味。

2. 虾胶制作。

88. 鸡茸鱼肚羹

操作视频

准备材料

主料：鸡脯肉 250g、鱼肚 300g
辅料：鸡蛋 1 个、干贝 25g、葱 10g
调料：料酒 10g、生粉 15g、香油 2g、鸡精 7g、盐 7g、胡椒粉 2g

制作步骤

① 鱼肚切条。

② 干贝剁细，葱切碎。

③ 鸡脯肉切丝后剁成茸。

④ 在鸡茸中加入盐、鸡精、冷水搅拌均匀，加入
　蛋清继续搅拌均匀。

⑤ 鱼肚汆制后捞出备用。

⑥ 清水中加入干贝、鱼肚烧开。

⑦ 放入盐、鸡精、胡椒粉进行调味。

⑧ 倒入鸡茸搅拌均匀再勾芡，淋上料酒、香油即
　可出锅。

⑨ 装盘后撒上葱花。

🍲 注意事项

　1. 鸡脯肉去除筋膜。

　2. 鸡茸要细腻。

89. 烧汁虾胶酿木耳

操作视频

准备材料

主料：虾仁 300g

辅料：芦笋 50g、百合 1 包、彩椒 20g、蒜 10g、黑木耳 50g

调料：日本烧汁 20g、生抽 5g、白糖 15g、鸡精 3g、香油 3g、盐 1g、生粉 10g

制作步骤

① ② ③

④ ⑤ ⑥

① 虾仁切细剁成茸，加入白糖、鸡精、盐、香油、生粉搅匀成虾胶。

② 木耳内壁抹上生粉，酿入虾胶，成酿木耳生胚。

③ 百合、芦笋焯水。

④ 旺锅热油，下酿木耳生胚滑油至熟，捞起。

⑤ 锅留余油，下蒜、彩椒煸香，调入日本浇汁、生抽、白糖、鸡精，勾芡，倒入酿木耳、百合、芦笋炒匀，淋上香油。

⑥ 成品。

 注意事项

1. 虾胶的制作。

2. 木耳需拍生粉。

90. 黑松露炒螺片

主料：螺肉 300g
辅料：木耳 50g、广芥蓝 200g
配料：姜 5g、蒜 5g
调料：香油 5g、鸡精 5g、生粉 5g、盐 3g、黑松露酱 15g、白糖 3g

制作步骤

① 螺肉改刀切成薄片，锅中水烧至 70℃左右，下螺片余 7 秒左右，捞起过凉，沥干备用。

② 广芥蓝、木耳焯水。

③ 热锅润油，下蒜、姜炒香，加入广芥蓝、木耳翻炒均匀。

④ 调入盐、鸡精、白糖、黑松露酱翻炒均匀。

⑤ 加入螺片，勾芡，淋上香油，翻炒均匀。

⑥ 成品。

☙ 注意事项

　1. 螺片余制时间不宜过久。

　2. 螺片薄厚要均匀。

91. 三葱炒波龙

操作视频

准备材料

主料：波龙 600g
辅料：姜 50g、洋葱 50g、葱 50g、干葱 50g
调料：白糖 3g、盐 3g、蚝油 10g、鸡精 5g、香油 3g、料酒 10g、生粉 50g

制作步骤

① 波龙改刀成块。

② 波龙切口拍上生粉。

③ 油温六成下波龙。

④ 炸至金黄，捞出沥油备用。

⑤ 锅留余油，加入辅料炒香。

⑥ 下波龙。

⑦ 加入蚝油、料酒、盐、白糖、鸡精翻炒均匀。

⑧ 勾芡，淋上香油，撒上葱，翻炒均匀。

⑨ 成品。

☕ 注意事项

　　1. 波龙切口沾匀生粉。

　　2. 辅料要先炒香。

操作视频

主料：乳鸽 1 只
辅料：南瓜泥 20g、花胶 50g
调料：浓汤 400g、鸡精 3g、盐 5g

制作步骤

① 乳鸽切 5 块后汆制。

② 花胶汆制。

③ 将乳鸽放置鱼翅碗中，注入浓汤蒸 20 分钟。

④ 将蒸乳鸽的浓汤倒入锅中，加入南瓜泥、鸡精、盐搅拌均匀。

⑤ 浓汤烧开后，装入鱼翅碗中，放上花胶，放蒸箱蒸 10 分钟。

⑥ 分装到炖盅中即可。

注意事项

　1. 汤底用浓汤。
　2. 选用乳鸽。

93. 海参炒牛肉

操作视频

准备材料

主料：海参 200g、牛肉 300g
辅料：鸡蛋 1 个、大葱 100g
配料：蒜 15g、姜 10g、彩椒 25g、小葱 5g
调料：蚝油 10g、生抽 5g、料酒 5g、美极鲜 5g、排骨酱 15g、白糖 15g、生粉 4g、鸡精 10g、胡椒粉
　　　3g、香油 3g

制作步骤

① ② ③
④ ⑤ ⑥
⑦ ⑧ ⑨

① 牛肉加蚝油、生抽、鸡精、白糖、胡椒粉、生粉、蛋清腌制。

② 海参氽制。

③ 热锅冷油，煸香葱、姜、蒜后加入水。

④ 将水烧开，放入海参，调入排骨酱、蚝油、生抽、白糖、鸡精，将海参煨入味。

⑤ 海参煨入味后，改刀切长方块备用。

⑥ 油温三成，下牛肉滑熟，捞起。

⑦ 锅留余油，下大葱、彩椒炒香。

⑧ 放入牛肉、海参，调入蚝油、料酒、美极鲜、鸡精、白糖、胡椒粉炒匀，勾芡，淋上香油出锅。

⑨ 成品。

🍲 **注意事项**

1. 海参需要先煨入味。

2. 滑牛肉需要掌握好油温，保持牛肉鲜嫩。

94. 奇异凤尾虾

操作视频

准备材料

主料：明虾 10 只
辅料：猕猴桃 10 个
调料：盐 2g、鸡精 1g、沙拉酱 35g、柠檬汁 10g、芥末 2g、脆炸粉 50g

制作步骤

① 猕猴桃去掉头尾削皮。

② 明虾去头去壳，留尾开背去虾线。

③ 明虾加入盐、鸡精搅拌均匀。

④ 沙拉酱、柠檬汁、芥末搅拌均匀。

⑤ 酱汁备用。

⑥ 在明虾上拍匀脆炸粉。

⑦ 油温六成，下明虾。

⑧ 明虾炸至金黄，捞起。

⑨ 明虾挂匀沙拉酱，放置在猕猴桃上摆盘。

🍵 注意事项

1. 虾腌制入味、拍粉均匀。

2. 猕猴桃选用熟透的。

操作视频

主料：大黄鱼 600g
配料：葱 5g、姜 20g
调料：白醋 25g、鱼露 15g、白酒 10g

制作步骤

① ② ③

① 大黄鱼直刀切约 1cm 的厚度，加入姜丝、葱、白酒、鱼露，腌制 30 分钟。

② 锅烧热，下油，下大黄鱼，煎至两面金黄。

③ 姜丝中加入白醋作为蘸料，大黄鱼装盘。

☕ 注意事项

　　1. 大黄鱼不开腹。

　　2. 大黄鱼腌入味。

96. 滋补炖斑节虾

☁ **准备材料**

主料：肋排 150g、斑节虾 6 只
辅料：沙参 3g、麦冬 3g、红枣 3 个、姜 2g、党参 3g、当归 1.5g、枸杞 3g
调料：盐 2g、鸡汤 150g、料酒 10g

☁ **制作步骤**

① 斑节虾洗净去虾须，氽制。
② 将氽好的虾过凉备用。
③ 肋排洗净，氽制。
④ 沙参、麦冬、党参、当归洗净，置碗中加入鸡汤，入蒸箱蒸 30 分钟，取原汁备用。
⑤ 斑节虾和肋排放入炖盅中，倒入原汁，加入红枣、枸杞、姜，调入盐、料酒，蒸 5 分钟。
⑥ 成品。

🍲 **注意事项**

1. 虾须要清理。
2. 药膳炖出味，留原汁。

97. 羊肚菌炒时蔬

操作视频

准备材料

主料：羊肚菌 10 多个
辅料：广芥蓝 250g、鲜百合 150g
配料：蒜 5g、葱 10g、彩椒 10g
调料：香油 5g、鲍鱼汁 10g、盐 3g、白糖 8g、鸡精 5g、生粉 5g

制作步骤

① 锅中水烧开，下羊肚菌焯水，捞起过凉。

② 锅中水烧开，加入羊肚菌，调入鲍鱼汁、鸡精、白糖，用小火煨 15 分钟。

③ 煨煮完成。

④ 锅中水烧开，加少许油，下广芥蓝、鲜百合焯水，捞起过凉。

⑤ 热锅润油，下葱、蒜、彩椒炒香，倒入羊肚菌、鲜百合、广芥蓝炒匀，调入盐、鸡精、白糖、香油，勾芡，翻炒均匀。

⑥ 成品。

注意事项

1. 羊肚菌要用小火先煨 15 分钟。
2. 广芥蓝、鲜百合要焯水。

操作视频

准备材料

主料：竹荪 10g、鸽蛋 6 个、虾仁 50g
配料：枸杞 2g、姜 3g
调料：盐 2g、鸡精 2g、胡椒粉 1g、白糖 1g、香油 1g、生粉 2g、鸡汤 200g

制作步骤

① 虾仁剁成茸状。

② 加入盐、鸡精、白糖、胡椒粉、香油、生粉搅拌成虾胶。

③ 将竹荪沥干水分，酿入虾胶成"酿竹荪"生胚。

④ 将鸽蛋、酿竹荪、枸杞、姜放入炖盅内，加入鸡汤、盐、鸡精。

⑤ 放入蒸箱蒸 15 分钟。

⑥ 成品。

 注意事项

1. 竹荪要先泡发，洗干净。

2. 把虾胶酿入竹荪中。

操作视频

准备材料

主料：鳜鱼 600g
辅料：金针菇 300g、上海青 200g、鸡蛋 1 个
配料：蒜 15g、姜 10g
调料：生粉 5g、鸡汁 15g、鸡精 3g、盐 5g、豆浆 250g

制作步骤

① ② ③

④ ⑤ ⑥

① 鳜鱼去掉头尾，改刀成片。

② 鱼片洗净，加入盐、鸡精、鸡蛋清、生粉腌制上浆。

③ 鱼头鱼尾蒸熟。

④ 上海青焯水。

⑤ 热锅润油，下蒜、姜煸香，加入水、豆浆、金针菇烧开，加鸡精、鸡汁，金针菇煮熟后捞出，原汁中下鱼片滑熟捞出。

⑥ 食材装盘，倒入原汁。

注意事项

1. 鱼片薄厚要均匀。
2. 鱼头鱼尾要蒸熟。

100. 燕麦酥香芋

操作视频

主料：槟榔芋 500g
辅料：燕麦 150g
调料：白糖 300g、油 200g

制作步骤

① ② ③

④ ⑤ ⑥

① 槟榔芋去皮、洗净、切开，入蒸箱蒸 40 分钟熟透取出。

② 蒸熟的槟榔芋切块。

③ 放置凉透以后切条。

④ 油温四成，下槟榔芋炸至酥脆，捞起。

⑤ 净锅下油，加入白糖炒糖色，加入槟榔芋翻炒后再加入燕麦，使燕麦均匀裹在槟榔芋上即可。

⑥ 成品。

☕ 注意事项

　　1. 槟榔芋外皮去除干净。

　　2. 芋条炸至酥脆。